공간 디자인과
테이블 스타일링

이미혜　김태연 공저

기문당

머 리 말

오늘날에는 매스미디어의 발달로 고도의 정보사회를 이루고 있으며 많은 생활 정보가 범람하여 하루가 다르게 변화되어 가고 있다. 이러한 글로벌 시대를 맞이하여 일반인들도 자신의 주거공간을 전문가에게 의뢰하기보다 자신이 직접 표현하려는 욕구가 점점 확대되어 가는 추세이다. 그러나 일반인들이나 실내디자인을 처음 접하는 학생들이 쉬우면서도 실생활에 직접적으로 적용할 수 있는 참고도서가 그리 많지 않은 것이 현실이다.

본 서는 저자가 실무 경험을 바탕으로 대학의 강단에서 수년간의 강의를 하며 정리하였던 내용을 모아서 실내공간 디자인에 대한 핵심적인 내용뿐만 아니라 테이블 스타일링을 실제화하는데 필요한 기본적인 내용들을 정리해 보았다. 그리고 이를 보다 더 쉽게 이해할 수 있도록 다양한 사진과 그림을 활용하여 시각적인 표현에 중점을 두고 기획하였다. 따라서 저자는 본 서가 실내디자인을 전공하는 학생들뿐만 아니라 실무자나 일반인들에게도 쉽게 접근할 수 있으리라 기대해 본다.

끝으로 독자들의 이해를 위해 인용한 문헌 및 도판의 저자 여러분과 그 해당 출판사에 대해 이 자리를 빌어 양해를 구하며, 심심한 사의(謝意)를 표합니다. 그리고 본 서가 나오기까지 시각적 표현과 자료수집 등에 많은 도움을 주신 임문희 선생님과 이승준님, 박경진님, 박소윤님께 감사드리며, 끝으로 여러 가지 어려운 가운데서도 본 서가 출판될 수 있도록 애써 주신 기문당 강해작 사장님께 감사드립니다.

2007년 8월

저 자

I 디자인 기초이론

II 실내디자인

공간 디자인과 테이블 스타일링

1 디자인 기초이론

1.1 디자인이란

1. 디자인의 정의

인간이 디자인을 필요로 하는 것에는 인간의 생활방식에서 유래된다. 즉 인간은 문명을 만들어가는 과정에서 끊임없이 개선의 방식을 찾게 되고, 이는 곧 어떤 모양과 형으로 구체화시켜 만들어가게 되는 것이다. 이처럼 주어진 목적을 조형적으로 실체화하는 모든 행위를 일컬어 '디자인' 이라고 말한다.

디자인의 어원은 라틴어의 데시그나레(designare)에서 유래되었으며, 이는 '지시하다', '표시하다', '계획을 세우다' 의 뜻을 나타내고 있다. 또한 이탈리아어 디세뇨(Designo)는 '밑그림을 그리다', 불어의 데생(Desseing)은 '계획', '소묘' 를 뜻하며, 한자어로는 '도안(圖案)', '의장(意匠)' 을 나타내고 있다. 이처럼 디자인이란 관념적인 것이 아니라 인간이 생각하는 이미지를 물리적인 형상으로 나타낸 것을 말하고 있다.

오늘날의 디자인(Design)은 여러 가지 의미에서 사용되며, 대부분의 분야에서 디자인이란 용어를 함께 병행하여 사용하고 있는 실정이다. 디자인은 이제 포괄적으로 우리의 환경을 보다 더 아름답고, 윤택하고, 편리하게 만들어주는 도구이며, 수단임과 동시에 목표가 되고 있다. 디자인은 관념적이기 보다는 실체라고 할 수 있으므로 어떠한 종류나, 분야의 디자인도 실체를 떠나서는 성립되지 않는다. 따라서 디자인은 주어진 목적에 합당하도록 조형적 요소를 합리적으로 구성하여 조화로움을 얻기 위한 창조활동이라고 할 수 있다.

2. 디자인의 요건

디자인이란 앞서 말했듯이 욕구나 요구에 의해서 정확한 목적을 가진 활동을 말하며, 이러한 목적을 달성하기 위해서는 넓은 의미에서 각 분야별 디자인이 갖게 되는 공통된 기본 요건이 있다. 즉 디자인이 갖추어야 할 요건들을 모두 충족시켰을 때 비로소 바람직한 디자인이라고 할 수 있다. 먼저 그 목적에 합당해야 하는 기능성과 더불어 아름다움을 지녀야 하는 심미성을 동시에 갖추어야 한다. 그리고 경제성과 독창성을 충족시켜야 하며, 또한 이 모든 요건들을 조화시킬 수 있도록 하는 질서가 필요하다.

1) 기능성

기능성이란 어떤 목적을 이루는데 적합한 대상 또는 행위의 성질로서 조형물의 실용성이나 효용성 등을 말하는 것이다. 기능성을 강조하고 있는 여러 작가들 중의 한 사람인 루이스 설리번은 '형태는 기능을 따른다' 라고 주장하였다. 이는 디자인이 기능에 충실했을 때 아름다운 형태가 완성된다는 기능주의의 입장을 표현한 것이다. 이는 특히 근대의 건축이나 공업디자인에서 중요시 여기는 조건이다.

2) 심미성

심미성이란 우리들이 감각적으로 체험할 수 있는 아름답다(美)는 느낌. 즉 미의식을 뜻한다. 이는 장식적 요소뿐 아니라 조형미, 색채미 등의 광범위한 개념으로 볼 수 있다. 그러나 심미성은 매우 주관적인 것으로서 그 기준은 개개인에 따라 또는 시대나 국가, 민족 등에 따라 차이가 있다. 또한 동시대에서도 대중이 공통적으로 느끼는 스타일이나 유행의 아름다움 등이 매우 다양하기 때문에 심미성은 디자인의 대상에 따라 상이하게 다루어져야 할 것이다.

3) 경제성

시장경제에서의 디자인은 경제성을 무시하고는 성공할 수가 없다. 특히 대량생산의 경우에는 경제적인 디자인이 될 수 있도록 가공, 조립 등 생산공정의 모든 부분을 고려해야 한다. 즉 최소의 비용과 노동으로 최대의 결과를 이끌어내는 경제원리에 충실한 디자인이 되어야 한다.

4) 독창성

현대 디자인에서 특히 강조되어야 할 부분이 독창성이다. 기업에서 자사의 제품을 원래 디자인을 토대로 조금씩 개량하거나 과거의 작품을 현대적으로 재조명한 경우를 제외한 모든 모방 행위는 디자인으로서의 가치가 없는 것이다.

5) 질서성

디자인의 다양한 요건들을 모두 만족시킬 수 있도록 각각의 요건들을 조화롭게 유지시키는 것을 말한다. 디자인의 조건 중에서 매우 중요한 부분으로 '디자인은 질서이다' 라는 말도 있다.

1. 2 디자인 요소

디자인 요소란 디자인을 구성하는데 있어서 더 이상 분류될 수 없는 시각적 표현상의 최소 단위를 말한다. 이는 디자이너가 자신이 의도한 디자인 이미지를 표현하고자 할 때 조형언어로서 사용하게 된다. 즉 우리가 글을 쓰기 위해서는 문자와 다양한 어휘들이 필요하듯이, 음악을 작곡하는데도 음계, 박자, 강약 등의 음악적 요소들이 필요하다. 이와 마찬가지로 실내디자인을 하기 위해서는 디자인에 관련된 요소들이 필요하게 되는 것이다.

1. 점

점의 어원은 라틴어 오리고(origo)에서 유래되었으며 0(zero)을 나타내는 것으로서, 그 의미는 최초, 근원 또는 최고의 간결함을 나타낸다. 따라서 기하학에서 의미하는 점은 크기도 없고, 길이, 넓이도 없고, 위치만 갖는 최소한의 존재로 나타낸다. 그러나 디자인에서의 점은 일정하지는 않지만 크기가 존재하며, 방향성은 없지만 위치를 강조하게 된다. 또한 점은 주변 조건에 따라 상대적으로 지각되기도 한다.

점이 면 또는 공간에 한 개 생기면 무게감과 함께 초점이 형성되어 주의력이 생긴다. 예를 들면 빈 벽면에 액자를 하나 배치하게 되면, 그 벽면은 액자에 의해 초점이 생기게 된다. 그리고 그 초점은 액자가 배치되는 위치에 따라 이동하게 될 것이다. 또한 같은 크기의 점이 두 개 생기면 한 점에 집중되었던 자극이 양쪽으로 분산되지만 점과 점 사이에는 보이지 않는 심리적 장력 또는 긴장감이 형성된다. 그러나 두 점의 크기가 서로 다른 경우 대부분은 먼저 큰 점 쪽으로 시선이 향해지고 그 다음 작은 점 쪽으로 주의력이 이동하게 된다.

점을 일렬로 여러 개 나열하게 되면, 하나의 선으로 지각된다(그림2). 이와 같은 시선의 흐름은 시각유도의 중요한 요소가 된다. 또한 여러 개의 점이 가까운 거리에 모이면 하나의 면으로 지각되는데, 이때 점들의 크기가 같으면 정적, 크기가 다르면 동적으로 느껴지게 된다(그림3).

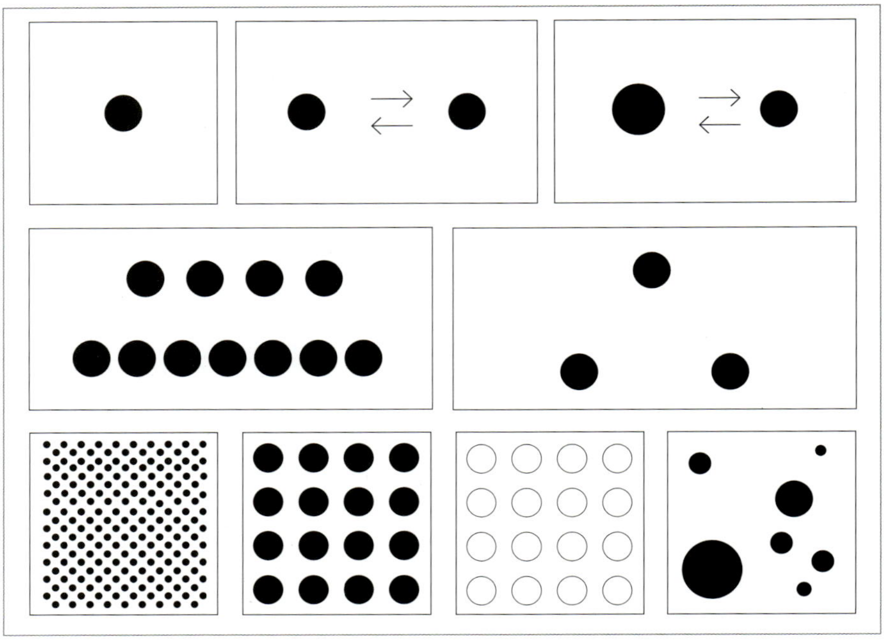

그림 1 점의 효과

그림 2 일렬로 나열된 점

그림 3 여러 개의 점

2. 선

선은 점이 누적되었거나 한 점이 다른 곳으로 이동될 때 생기는 것으로서 길이만을 갖는 일차원이다. 선은 넓이와 깊이는 없지만 길이와 굵기가 존재하며 방향성이 있어 감정을 갖는다. 선은 점보다 표현력이 더 강하고 효과적이다. 따라서 디자인에 있어서 선은 독특한 심리적 효과를 나타내므로 디자인 효과를 높이기 위해서는 선의 특성을 바르게 이해하여 적용하도록 해야 한다.

선은 크게 직선과 곡선으로 나눌 수 있다. 또한 직선에는 수평선, 수직선, 사선 등이 있으며, 곡선에는 원과 타원, 자유곡선 등이 있다. 디자인에 있어서 어떠한 종류의 선을 강조하느냐에 따라 디자인 효과는 달라질 수 있으므로 선을 선택할 때는 반드시 주의깊게 고려되어야 한다. 선의 종류에 따라 그 특성을 살펴보면 다음과 같다.

1) 직선

① 수직선(vertical line)

우리가 부동자세로 서있게 되면 수직이 되는 것처럼 수직선은 공식적이며, 엄숙한 느낌을 준다. 특히 강조된 수직선은 강한 힘을 느끼게 한다. 그러나 수직선 중에서도 면적이 넓거나 일반적인 수직선은 친근감이나 안정감을 주기도 한다. 이는 자연의 원리인 중력이 수직방향이므로 사람들은 완전한 수직선에 대해서 안정감을 느끼기 때문이다.

② 수평선(horizontal line)

우리가 휴식이나 수면을 취할 때 수평적인 자세를 취하는 것처럼 수평선은 높이보다 길이를 강조해 주며, 친근감, 안정감, 휴식과 평온함 등을 느끼게 한다. 다른 선들에 비해 수평선은 시선을 유도하지만 보다 속도가 느리고 여유있게 움직이도록 한다.

③ 사선(diagonal line)

사선은 사람이 뛰어가는 모습이나 비바람의 형태처럼 역동적이며, 변화를 연상시키게 한다. 그러므로 사선은 수직선이나 수평선보다 시선의 움직임을 더 유도하게 된다. 따라서 사선은 지루하고 활기 없는 공간에 적절히 이용하면 매우 과적이다. 그러나 사선을 지나치게 이용할 경우에는 혼잡하고 보기 흉하게 될 수도 있으므로 주의를 해야 한다.

2) 곡선 (curved line)

곡선은 사선과 마찬가지로 움직임을 의미하지만 보다 부드럽고 편안한 방식으로 시선을 유도한다. 또한 곡선은 다른 선들과 함께 사용될 때 흥미와 부드러움을 더욱 증가시킨다. 곡선은 크게 기하곡선과 자유곡선으로 나눌 수 있으며, 기하곡선에는 원형과 타원형이 있다. 대부분 직선으로 이루어져 있는 실내공간에서 곡선 사용은 시선을 집중시키게 된다. 곡선의 느낌으로는 자유, 유순, 우아, 고상, 불명확, 섬세, 여성적인 유연함 등이다.

그림 4 타원형의 식탁과 원형의 식기

그림 5 자유곡선을 활용한 실내공간디자인

3. 형태

디자인에 있어서 형태란 점, 선 또는 면들이 모여 이루어진 모든 조형형식을 말하며, 일반적으로는 주로 3차원적인 입체를 의미할 때 사용되는 용어이다. 그러므로 형태는 길이와 넓이, 그리고 깊이를 가지고 있다. 형태는 주로 인간의 감각 중에서 시각과 촉각에 의해 지각되기 때문에 색과 함께 대상의 감각적 경험을 형성하는 중요한 요소이다. 디자인에 있어서 형태는 대상물이 추구하는 사용 목적과 일치할 때 비로소 독립된 형태로서의 가치를 지니기 때문에 기본적으로 실용성의 가치를 내포하고 있어야 한다. 형태에는 크게 구상적 형태와 추상적 형태가 있다.

1) 구상적 형태

이는 흔히 자연에서 볼 수 있는 모든 형태를 일컫는 것으로서 자연적인 형태의 선이나 곡선을 말한다. 실내디자인의 사례로는 실내의 난간, 창호디테일, 가구형태, 조명기구, 장식문양 등이 있다. 이처럼 실내디자인에 있어서 구상적 형태는 주로 부분적인 디자인에 적용된다.

그림 6 구상적 형태

2) 추상적 형태

이는 복잡한 자연물의 형태를 인공적으로 간결하게 조형화시킨 것을 말한다. 따라서 이러한 형태들은 자연에서 찾아보기는 어렵지만 기계로 정확하게 표현할 수 있으므로 대량생산이 가능하다는 장점이 있다. 실내디자인에서 사용되는 기본적인 형태로는 삼각형, 사각형, 다각형, 원형 등이 있다.

① 삼각형

실내디자인에 있어서 삼각형은 기능적인 비합리성이 있다. 그럼에도 불구하고 삼각형은 상징성, 기념비적인 특성으로 인해 바닥, 벽, 천장의 구성뿐만 아니라 가구나 장식물 등의 설치조형물에 이르기까지 다양하게 적용되고 있다. 이로써 사각형이 많은 실내공간에 삼각형을 사용하게 되면 정적인 공간에 변화와 생동감이 생겨 동적인 실내분위기로 연출된다. 그 사례로는 경사천장, 사선의 벽, 창문, 가구배치, 직물이나 벽지의 문양, 꽃꽂이 등이 있다.

② 사각형

사각형은 실내공간에서 가장 많이 사용되는 매우 합리적인 형태로서, 가구시스템이나 공간 사용에 불필요한 사공간을 최소화 해주는 장점이 있다. 그 사례로는 방의 형태, 문, 침대, 책상, 테이블 등의 큰 가구뿐만 아니라 실내소품, 가구의 장식, 직물이나 벽지의 문양 등이 있다. 그러나 사각형은 형태 자체가 가지는 이미지로 인해 공간이 딱딱하고 지루한 느낌을 줄 수 있으므로 디자인을 할 때에는 크기, 색상, 장식, 배치 등에 변화를 주는 것이 좋다.

③ 다각형

다각형이란 오각형 이상의 각으로 구성된 조형형태로서, 정오각형, 정육각형 등과 같이 정형적인 형태뿐만 아니라 비정형적인 형태도 포함된다. 그리고 다각형은 공간의 활력을 주고자 가구의 형태를 육각형이나 팔각형 등으로 의도적인 조형기법으로 사용되기도 한다.

④ 원형

원형의 이미지는 부드러움, 원만함 같은 편안하고 안정적인 느낌을 준다. 따라서 디자인에서 원형의 사용은 삼각이나 사각에서 느껴지는 엄격함보다는 여유로움과 편안한 시각적 효과를 연출하는데 효과적이다. 그 사례로는 원형 방, 아치형 창, 나선형 계단 이외에도 전등갓, 둥근탁자, 스툴, 접시, 마감재의 패턴 등이 있다.

그림 7 사각디자인

그림 8 원형 디자인

그림 9 추상적 형태들을 활용한 실내

4. 크기

크기는 영어로 스케일이라고 하며, 이는 라틴어 scala(불어로 schelle)에서 유래된 것으로 어떤 곳에 도달하기 위해 사용되는 도구를 나타내는 것이다.

모든 형태에는 크기(scale)가 있으며, 크기의 표현은 '크다' 또는 '작다' 라고 한다(그림 10). 그렇다면 일반적으로 우리가 갖게 되는 '크다', '작다' 라고 하는 크기에 대한 관념은 어디에서 오는 것일까? 그 관념에 대한 기준은 크게 3가지로 나누어 볼 수 있다.

1) 시각적 스케일(상대적인 크기)

이는 다른 사물들과 비교했을 때 다른 사물을 기준으로 판단하는 것을 말한다. 예를 들면, 큰 규모의 거실에서 작게 느껴졌던 소파가 작은 규모의 거실에서는 매우 크게 느껴질 것이다. 이처럼 동일한 소파일지라도 소파가 놓여지는 공간의 크기에 따라 그 소파에 대한 크기가 다르게 느껴지는 것을 말한다.

2) 휴먼스케일

모든 크기를 인간의 신체 크기를 기준으로 판단하는 것을 말한다. 예를 들면, 우리들은 자신보다 큰 것을 보면 '크다' 고 하고, 자신보다 작은 것을 보면 '작다' 라고 말한다. 또한 우리들이 생활하는 실내 대부분의 설비는 인간의 크기를 기준으로 높이와 넓이 등이 결정되어 있어서 우리가 편안하다고 느끼는 것이다. 즉 휴먼스케일의 예로는 실의 규모(실의 폭과 깊이, 그리고 높이), 문(인간이 지날 수 있는 통로)과 창(조망과 환기, 채광)의 크기, 창대높이, 천장높이 등이 있다(그림 11). 그러나 실내디자인에 있어서 크기는 일반적으로 휴먼스케일에 준하여 결정되지만 반드시 휴먼스케일만을 의미하는 것은 아니며, 디자인 의도에 따라 조정도 가능하다. 이는 곧 크기에 따라 어떤 상이한 경험을 줄 수 있으며 친밀, 보통, 기념비적인 감정을 유발할 수도 있다(그림 12).

3) 고정관념(친숙함, 친밀도)

고정관념이란 우리가 일반적으로 지니고 있는 생각을 기준으로 판단하는 것을 말한다. 예를 들면 나무의 크기는 일반적으로 가장 많이 볼 수 있는 나무를 기준으로 하였으며, 꽃의 크기는 자연에서 보아 온 일반적인 각각의 꽃의 크기를 상상하며 기준으로 했을 것이다. 또한 성당 내부의 천장은 일반 가정집의 천장보다 매우 높다. 그러나 우리는 이것을 보고 스케일이 잘못되었다고 하지는 않으며, 오히려 성당의 천장이 낮은 경우, 스케일에서 벗어났다고 표현할 것이다. 이처럼 고딕성당은 예로부터 높은 천장을 지녀왔다는 인식이 무의식적으로 학습되어 왔기 때문이다.

따라서 이상에서와 같이 크기는 단순히 물리적인 크기의 개념이 아닌 감정적 반응을 형성하고 있음을 알 수 있다.

그림 10 크기의 표현

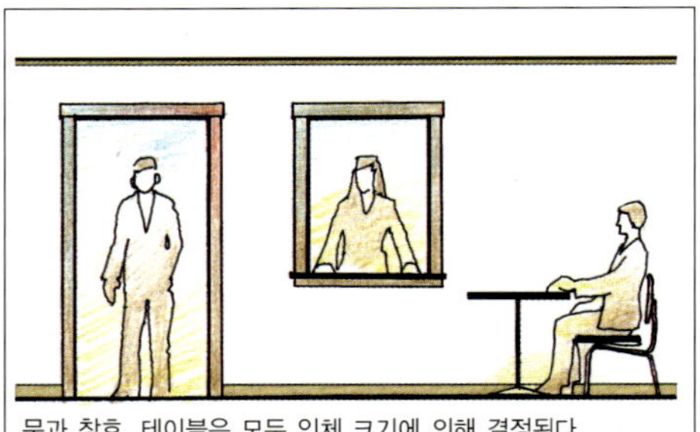

문과 창호, 테이블은 모두 인체 크기에 의해 결정된다.

그림 11 휴먼스케일

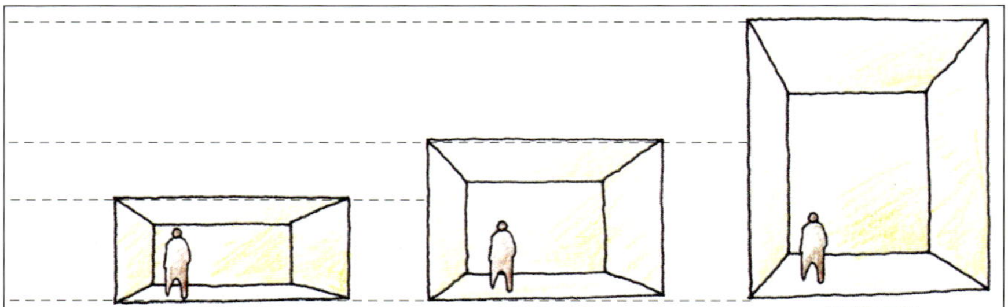

그림 12 공간의 크기

5. 색채

색채는 모든 형태가 가지고 있는 시각적 특질의 하나이므로 우리는 색채에 둘러싸여 생활하고 있다고 할 수 있다. 이러한 색채들은 실내의 분위기를 실제 온도보다 더 따뜻하게 하거나 더 시원하게도 하며, 공간을 실제보다 크게 보이도록 하거나 또는 작게 보이도록 하는 기능이 있다. 또한 음식의 맛을 더욱 증가시키기도, 감소시키기도 하는 등 생리적, 심리적 변화를 일으키기도 한다. 그러므로 색채를 실내공간 디자인 또는 테이블 스타일링에 적용할 때는 색채에 대한 기본적인 이론을 바르게 이해하여 사용하고자 하는 목적에 맞는 색채 선택이 되도록 노력하여야 한다.

따라서 색채에 대한 내용은 본 서의 1.4절, 1.5절에서 상세하게 설명하고 있다.

그림 13 색과 실내공간

그림 14 색과 음식

6. 질감

질감(Texture)이란 어떤 물체의 표면이나 재질에서 느껴지는 감각을 말한다. 이는 재료 자체의 특성보다 재료 표면을 어떻게 처리했는가에 달려 있다. 즉 동일한 목재일지라도 표면처리를 거칠게 하거나 부드럽게 또는 매끈하게 하는 등 다양한 질감으로 나타낼 수 있기 때문이다. 그리고 실제로 그 물체를 만질 수 없어서 그 질감을 느낄 수 없는 것이라 해도 기억 속에 시각적으로 남아 있는 느낌도 있다. 예를 들어, 구름은 만질 수는 없지만 폭신폭신하고 부드러운 것으로 지각된다. 질감은 흔히 간과되기 쉬운 디자인 요소이지만 어떻게 잘 활용하느냐에 따라 독특함을 만들어낼 수 있다.

1) 질감의 기본 범주

질감에는 두 가지 기본 범주, 즉 촉각적 질감과 시각적 질감이 있다.

① 촉각적 질감이란 손 또는 피부를 통해 느껴지는 실제적인 질감을 말한다. 즉 유리나 벽돌, 목재, 실크 등을 손으로 직접 만져 보았을 때 느껴지는 그 느낌 자체를 말한다.

② 시각적 질감이란 눈으로 보여지는 질감을 말한다. 즉 명암이나 무늬로 인해 실제 표면과는 다르게 느껴지는 질감이다. 이를 착각 또는 가장이라고도 한다. 예를 들면, 실제 손으로 만져보면 평면적이면서 매우 매끄러운 물질이지만 눈으로만 봤을 때는 요철이 있는 것처럼 보인다. 이러한 예로는 직물이나 마감재의 문양 등이 여기에 속한다.

종 류		개 념	사 례	
촉각적 질감	 실제적 질감	 실제 재료에 의한 느낌		
시각적 질감	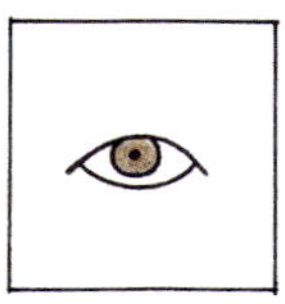 착각, 가장	 패턴에 의한 착각		

표 1 질감의 기본범주

2) 질감의 분류

질감은 만드는 방법에 따라 구조적 질감과 추가변경된 질감으로 분류하기도 한다.

① 구조적 질감이란 재료 자체가 갖는 질감이거나 물건을 만드는 방법에 의해 생긴 장식을 말한다. 예를 들면 나무의 결, 섬유 자체의 질감, 직물의 직조방법에 의해 생긴 질감 또는 벽돌이나 돌 등 조적방법에 의해 생긴 질감 등이 여기에 속한다.

② 추가 변경된 질감이란 기존 구조에 무엇인가를 덧붙인 것을 말한다. 즉 직물이나 벽지에 무늬를 프린트 또는 구김처리를 하거나, 유리에 에칭을 하는 것, 가구의 상감세공 등 이처럼 완성된 제품의 표면에 어떤 처리를 하여 새로운 질감을 갖도록 하는 것이 여기에 속한다.

그림 15 구조적 질감

그림 16 추가변경된 질감

3) 질감의 영향 요인

① 실제생활에 영향 : 매끄러운 타일은 현관, 욕실, 발코니 등 물을 사용하는 공간의 바닥재로 사용하게 되면 위험할 수 있으며, 거친 질감의 소파는 실크처럼 부드러운 옷을 입은 사람이 앉기에는 불편하다. 또한 바닥의 재질에 있어서 비닐 제품에 나무문양을 했다하더라도 시각은 나무의 느낌을 가지면서 촉각은 비닐을 갖는다. 그러나 실제 나무는 촉각과 시각이 같게 느껴진다.

② 빛의 반사 유무와 색채에 영향 : 금속, 유리 등과 같은 매끄러운 질감은 높은 반사율을 나타내어 시선을 끌게 하며 색을 보다 더 선명하게 보여 강렬한 느낌을 준다. 반면 벽돌과 같이 조금 거친 질감은 빛을 흡수하기 때문에 색의 선

명도가 낮아진다.

③ 소리를 흡수 또는 반사 : 석재나 타일처럼 단단하거나 매끄러운 질감은 소리를 반사시키지만, 고무나 카펫처럼 부드럽거나 거친 질감은 소리를 흡수시킨다.

④ 스케일에 영향 : 매끄럽고 정교한 질감의 물체는 멀게 느껴지지만, 거친 질감의 물체는 가깝게 느껴지면서 스케일이 작아 보인다. 예를 들면, 어떤 소파에 씌운 천을 1/50 정도의 축소모형에 그대로 사용하게 되면, 그것은 전혀 다른 효과를 주게 되며 스케일감도 상실하게 될 것이다.

⑤ 유지관리의 문제 : 반들거리는 금속이나 유리의 표면은 먼지가 쉽게 띄며 손가락만 닿아도 흔적을 나타내지만 청소가 용이하다. 그러나 벽돌이나 카펫의 털 등의 거친 표면은 먼지가 별로 눈에 띄지 않는 대신 청소가 어렵다.

그림 17 유광의 질감

그림 18 무광의 질감

1. 3 디자인 원리

디자인의 궁극적인 목적은 아름다움을 창출하는 것이다. 따라서 디자이너는 아름다움을 창출하기 위해 디자인의 각 요소들을 어떤 질서에 따라 조합하게 되는데, 이러한 것을 디자인원리라고 한다. 그러나 모든 디자이너들이 반드시 디자인의 원리에 따라 계획하는 것은 아니지만, 디자인을 공부하는 사람들에게는 디자인원리가 새로운 형태를 창조하는데 있어서 문제를 해결해주는 효과적인 방법이 되기도 한다.

1. 통일성

통일성이란 여러 개의 요소들이 각각 분리되어 보이지 않고 하나의 공통점을 가지거나 전체적으로 일체감 있게 느껴지는 것을 말한다. 통일성은 디자인 요소의 반복이나 유사성, 동질성에 의해 얻어지는 효과이다. 즉 건물의 외관이나 실내공간에 통일성을 주기 위해서 색채계획이나 질감, 선이나 형태를 비슷하게 또는 같게 이용하기도 한다. 또한 실내 구성요소를 변화시키면서 각 요소에 일정한 무늬를 넣어줌으로써 통일성을 주기도 한다.

그러나 이상의 내용에서 유의할 점은 통일성이 지나치면 단조로움으로 연결될 수도 있다는 것이다. 그러므로 디자이너는 통일과 단조로움 간의 엄밀한 차이를 구별할 수 있어야 하며, 단조로움을 피하기 위하여 적절한 변화를 준다. 예를 들면, 반복의 경우, 같은 색이면 명도나 채도를 다르게 배열하고, 같은 형태면 크기 및 색을 다르게 하면 된다. 따라서 통일성의 종류에는 크게 정적 통일과 동적 통일이 있다.

1) 정적 통일

정적통일이란 기하학적이거나 규칙적인 형태로 표현한 것을 말한다. 주로 원형, 삼각형, 사각형 등의 기본 도형이나 눈의 결정체, 수정 같은 자연적인 형태 등은 정적 통일의 좋은 예이다. 이러한 정적 통일은 수동적이고 생동감은 없으나 안정적이므로 권위적인 공간에 사용하면 좋다.

2) 동적 통일

동적통일이란 불규칙한 형태나 자유로운 곡선을 의미하지만 나선형과 같이 어떠한 방향성을 가진 디자인도 여기에 속한다. 이는 자유로운 형태에 기반을 두고 연속적인 흐름을 가지므로 능동적이고 생동적이며 운동감을 느낄 수 있어 변화와 발전의 특징이 있다. 그러나 동적 통일이 지나치면 공간상에 불안정과 혼돈을 야기하기도 한다.

그림 1 정적 통일

그림 2 동적 통일

2. 조화

조화란 음악에서는 각각의 악기나 목소리가 합쳐져 아름다운 화음을 이루는 것처럼, 디자인에서는 다양한 구성 요소들이 합쳐져 아름다운 전체 구성을 이루어내는 것을 말한다. 따라서 조화는 형태, 크기, 색채, 질감 등의 조형요소들이 부분과 부분, 부분과 전체에서 공통성을 지녔거나 또는 이질적인 요소라 할지라도 서로 어울려 감각적 효과가 발휘될 때 나타나는 미적 현상을 말한다. 그러나 조화의 경우, 상황에 따라서 어떤 문화권에서는 조화롭다고 간주되는 기준이 다른 문화권에서는 부조화라 여기기도 하며, 또한 같은 문화권이라도 어느 시기에서는 이해되지 않았던 조합이 또 어느 시기에서는 과감히 시도되기도 한다. 이처럼 조화는 예술의 원리이기는 하지만 디자인 원리 중 유일하게 문화적, 시대적인 영향을 받기도 한다.

조화의 종류에는 유사조화와 대비조화가 있다.

1) 유사조화

둘 이상의 디자인 요소들이 서로 같거나 비슷한 것들이 모여 자연스럽게 조화된 것을 말한다. 이러한 조화는 전반적으로 온화하고 점잖고 우아하며 여성적인 안정감이 있으나 단조롭기 때문에 신선한 느낌을 연출하기가 어렵다. 그 사례로는 실내의 색이 흰색이나 베이지색 계통인 것과 전통한옥 등이 있으며, 그리고 실내를 섬유의 재질감이나 난색 계열로 마감하여 전체적으로 온화한 분위기의 공간도 여기에 속한다.

2) 대비조화

둘 이상의 서로 다른 디자인 요소들이 어울려서 미적인 효과를 나타낸 것을 말한다. 그 예로는 거친 소재와 부드러운 소재, 어두운 색과 밝은 색, 직선적인 선과 곡선적인 선 등이 있다. 그리고 한국전통 가구에서는 나무와 철이라고 하는 완연히 이질적인 소재들이 서로 어울려서 미적인 효과를 이루어내고 있다. 이처럼 대비조화는 시각적인 힘의 강약 효과로 인해 개성적이고, 화려하며, 역동적인 아름다움을 연출한다.

그림 3 유사조화

그림 4 대비조화

3. 균형

균형이란 사전적 의미로는 어느 한쪽으로 치우침이 없이 고르다는 뜻이며, 시각예술에서는 두 개 이상의 요소가 부분과 부분, 부분과 전체 사이에서 시각적으로 힘이 안정되어 보이는 상태를 의미한다. 이처럼 디자인에서의 균형은 실제 무게보다도 '시각적인 무게' 에 더 관심을 둔다. 시각적 무게에 대한 내용을 정리해 보면,

크기가 큰 물건, 작은 물건이라도 여러 개가 모여 있는 것, 불투명한 것, 질감이 뚜렷한 것, 무늬가 두드러진 것, 부정형, 어두운 색 등이 그 반대되는 요인들보다 사람의 시선을 집중시키는 효과가 크므로 시각적으로 더 무거워 보인다.

종 류	대칭균형	비대칭균형	방사상균형
개 념			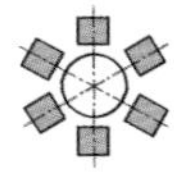

표 1 균형의 종류

균형에는 대칭균형, 비대칭균형, 방사상균형 등 3가지 범주로 분류된다.

1) 대칭균형

대칭균형은 수직축을 중심으로 형태, 크기, 위치 등이 동일하게 배치됨으로써 생긴다. 그러므로 이를 선대칭 또는 좌우대칭이라고도 한다. 대칭균형은 소극적, 형식적, 평온함, 엄숙함, 완고하게 느껴지며 이는 정적 균형을 나타낸다. 대칭균형은 비교적 쉽게 꾸밀 수 있으나 지나친 대칭균형은 지루하게 느낄 수 있으며 관심을 끌기 어렵고 개성이 없어 보일 수 있다. 사용되는 공간으로는 공식적인 공간, 기념비적 공간, 전통적인 공간 등이다.

2) 비대칭균형

비대칭균형이란 수직축을 중심으로 형태, 크기, 위치 등이 동일하게 배치된 상태는 아니지만 시각적으로는 무게가 균등하게 느껴지는 상태를 말한다. 그러므로 이를 비정형적 균형 또는 능동적 균형이라고도 한다. 이러한 비대칭균형은 대칭균형보다 사고와 연상을 더 필요로 하지만 일단 이루어지고 나면 오랫동안 흥미로움을 유지하게 된다. 또한 비대칭균형은 대칭적 균형보다 자연스러운 느낌을 주며 생동감 있고 동적인 실내분위기를 주기 때문에 비형식적인 우리의 생활에 잘 어울리는 디자인원리이기도 하다. 따라서 비대칭적 균형이 사용되는 공간으로는 비형식성과 융통성을 필요로 할 때, 공간활용의 효율성이 요구될 때 또는 자연과의 조화를 필요로 할 때 등이다.

3) 방사상균형

방사상균형은 디자인 요소가 중앙을 중심으로 퍼져나가는 것을 말한다. 이러한 균형은 원탁 주변에 의자가 놓여진 방에서 자주 보게 되는데, 이는 주로 사각형으로 이루어진 공간에서 호기심을 유발시키고 신선한 느낌을 주게 된다. 방사상 균형은 대칭적이면서 정적인 것과 비대칭적이면서 나선형인 것으로 분류할 수 있다.

즉 중앙에 장식물을 놓은 원형식탁은 대칭적이며 정적인 느낌을 주는 반면, 원형 계단은 비대칭적이면서 소용돌이치는 동적인 움직임을 나타낸다. 방사상 균형의 사례로는 그릇, 접시, 컵, 둥근 쿠션, 집기와 전등갓 등이 있다.

그림 5 대칭균형

그림 6 비대칭균형

4. 비례

아름다움이란 부분과 부분, 부분과 전체 사이의 크기 관계가 이상적인 경우에 생겨난다. 이러한 크기의 관계를 우리는 비례라고 한다. 이는 길이나 면적이 두 개 이상 존재할 때 생기는 다양한 차이와 유사한 수치에 관한 개념으로서 상대적인 크기를 의미한다. 그러므로 비례는 모든 디자인원리의 기본 바탕이 되며, 특히 실내디자인에서는 매우 중요한 요인이 된다. 예를 들어 큰 규모의 공간에 작은 테이블을 놓게 되면 그 테이블은 더욱 작게 보일 것이다(그림 7). 또한 작은 규모의 공간에 큰 가구를 놓게 되면 그 가구는 매우 크게 느껴지면서 공간의 규모는 실제보다 더 작아 보일 것이다(그림 8). 이처럼 비율이 잘못 계획된 공간은 실의 크기가 실제보다 더 커 보인다거나 또는 작게 보이게 되며, 문이나 창문, 가구 등의 요소가 어색하게 배치된 것처럼 보일 수도 있다. 따라서 아름다운 실내공간이 되기 위해서는 무엇보다 먼저 실내의 다양한 구성요소들 간의 적절한 비례관계를 이룰 수 있도록 부단한 노력이 요구된다.

그림 7 큰 규모의 공간과 물체들간의 비례관계

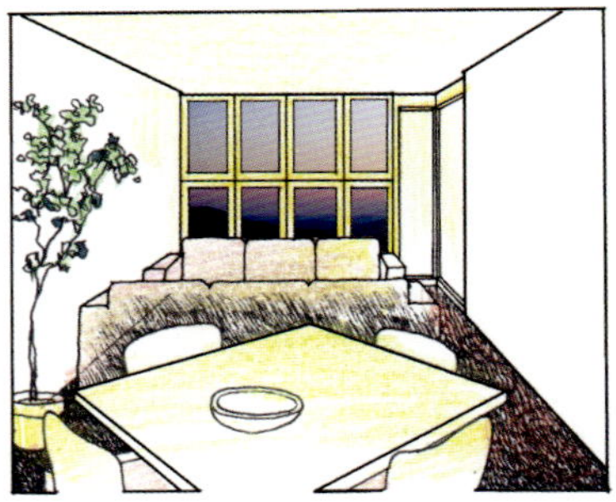

그림 8 작은 규모의 공간과 물체들간의 비례관계

비례의 종류에는 정수비, 루트비, 급수비 등 여러 가지가 있으나, 고대로부터 인간이 가장 이상적인 비례 또는 가장 아름다운 비례로 여긴 것은 황금비이다. 이는 고대 그리스인들이 직사각형의 가로와 세로 비율이 1:1.618인 경우에 가장 아름다우면서 편하게 느껴지는 것을 발견하고 이를 황금비율이라 명명하였다. 이러한 비례가 아름답게 보여지는 이유를 학자들은 자연물이나 인체의 일부분에서 가장 흔히 발견되는 비례이기 때문이라고 한다. 그러나 황금비가 가장 아름다운 비례라 할지라도 오늘날 주거의 실내는 일반적으로 공간의 크기에 비해 가구나 침대 등이 갖는 크기가 매우 크므로 황금비율의 원리를 실내공간에 적용한다는 것은 매우 어려운 실정이다. 따라서 오늘날에는 대량생산이나 교환성, 규격화 등을 위해 1:2:3과 같이 정수에 의한 비례인 정수비가 가장 많이 사용되고 있다.

그림 9 우리나라 황금비율의 대표적 건물인 영주 부석사의 무량수전

그림 10 정수비의 실내

5. 리듬

리듬은 그리스어의 'rheo(흐르다)'에서 파생한 용어이다. 이는 청각과 연관되는 음악의 원리로서 율동과도 관련이 있으나, 시각예술에서의 리듬은 시각적인 움직임에서 비롯된다. 만약 음악이나 계절에서 리듬감이 없다면 우리의 일상생활은 지루하게 느껴지는 것처럼 시각예술에서도 리듬감이 없다면 공간의 변화가 생기지 않으므로 공간에 대한 흥미를 잃게 될 것이다. 따라서 디자인을 할 때 리듬감을 주게 되면 공간의 변화와 더불어 흥미를 일으키며 시선을 유도하여 강조하는 효과가 생긴다. 리듬을 주는 방법에는 음악의 경우 음의 시간적 질서, 음의 높낮이, 박자별 강약이 있듯이 시각예술에서는 디자인 요소들의 반복, 점이, 교체, 대비 등이 있다.

1) 반복

반복이란 형태나 색채, 질감 등이 일정한 간격으로 반복되는 현상을 말한다. 이는 단순한 반복에서 복잡한 구조의 반복까지 다양하다. 반복미는 질서정연한 차분한 감을 갖게 되며 통일감과 안정감이 있다. 실내디자인에서 가장 쉽게 볼 수 있는 반복의 예로는 벽지나 카펫의 무늬가 커튼 또는 침대보에 반복되어 사용되거나 벽면에 그림을 규칙적으로 배열하는 것 등이 있다. 이처럼 일반적인 주택에서는 창문의 형태에서 식기류에 이르기까지 반복으로 가득 차 있다. 여기서 평범한 것을 지나치게 반복하게 되면 공간이 지루하고 흥미를 잃기 쉬우므로 강조하고 싶은 것이나 또는 주요 특징이 되는 형태 및 색채 등을 반복 사용하면 매우 효과적이다.

2) 점진

점진이란 형태나 크기, 색채, 질감 등이 점차적으로 작아지거나 커져서 얻어지는 효과를 말한다. 이는 반복의 경우보다 더 동적이며, 점진의 가장 기본적인 형태는 자연의 질서이다. 즉 달의 변화, 계절의 변화, 인간의 성장, 나무의 성장 등이 여기에 속한다. 이처럼 점진에 의한 리듬감은 사람들의 눈을 부드럽게 만들며 친근감과 질서감을 주고, 변화와 통일에 의한 조화미를 형성하게 된다. 점진적 리듬의 사례로는 계단이 가장 대표적이며, 집안에서 사용하는 식기나 직물류의 패턴 등에서 쉽게 찾아볼 수 있다.

3) 교체

교체란 두 개의 서로 다른 요소가 서로 교차하여 반복되는 일련의 교대를 말한다. 즉 이는 반복의 응용된 형태라고 할 수 있으며, 교차의 간격에 따라 강해지거나 약해지기도 한다. 이러한 기법은 서로 이질적인 공간이 구획없이 연결되는 경우에 공간의 변화를 시지각적으로 연출해주는 방법이 될 수 있으며 또는 같은 공간 내에서 어느 정도 변화감을 주기 위하여 의도적으로 연출되기도 한다. 교체의 예로는 실내의 벽과 창 또는 문의 구성에서 손쉽게 찾아볼 수 있다.

4) 대비

대비란 두 개의 서로 다른 요소가 점차적으로 변하는 것이 아니라 반대되는 요소가 서로 강조되어 미적인 효과를 창출하게 되는 것을 말한다. 따라서 이러한 대비 효과는 시각적 자극이 보다 뚜렷하여 흥분을 자아냄으로써 우리의 생활을 활동적이며 생동감 있게 한다. 대비의 예로는 사각형이 많이 이용된 거실에 나선형 계단, 현대적인 가구가 놓여진 공간에 골동품 장식 등이 있다.

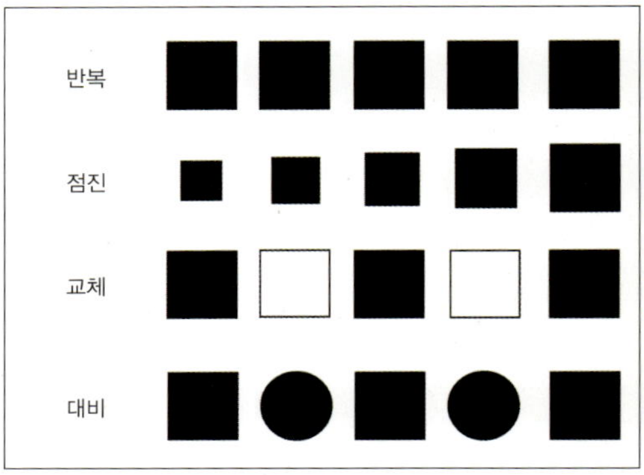

그림 11 리듬의 종류

그림 12 반복

그림 13 점진

그림 14 교체

그림 15 대비

6. 강조

디자인에서 가장 흥미를 끄는 방법으로는 강조를 위한 요소를 포함시키는 것이다. 강조란 주어진 공간에서 가장 중요하게 생각되는 부분을 시각적으로 강하게 표현하여 그 공간의 중심이 되도록 해주는 것을 말한다. 강조할 때의 원칙은 디자인의 구성 안에 지배적인 요소와 그에 종속적인 요소가 이미 공존하고 있는 것을 전제로 하고 있다. 지배적인 요소가 없는 디자인은 재미없고 단조로워 지루함을 빨리 느끼게 될 것이다. 반면 지배적인 요소가 지나치게 많으면 오히려 그 효과가 떨어질 뿐만 아니라 복잡하고 산만한 분위기가 되기도 한다. 그러므로 디자인에 있어서 강조는 가장 관심을 끌 수 있는 것을 하나 정하고 나머지는 그것을 위한 부수적인 역할을 하도록 계획하여야 한다.

그림 16 파란색 벽면으로 벽난로를 강조

그림 17 대칭균형으로 벽난로를 강조

1) 강조의 정도에 따른 분류

① 강조

이는 강하게 시선을 끄는 역할을 한다. 예를 들면, 그림이나 장식품 등이 놓여지는 벽난로나 큰 책꽂이.

② 우세

이는 강조 주변에 주요 가구가 배치되어 있는 공간으로 사람들을 유치하는 공간을 말한다. 예를 들면, 거실에서는 티테이블과 소파가 놓여지는 공간.

③ 보조

보조는 강조를 보충하는 역할을 한다. 예를 들면, 이는 디자인 전체에 영향을 주기보다는 부분적으로 프라이버시를 확보하기 위해서 쓰는 방법으로서 가볍게 커튼을 친 창문이 여기에 속한다.

④ 종속

이는 강조의 종속으로서 쉽게 눈에 띄지 않는다. 예를 들면, 실내공간에서 배경이 되는 바닥, 벽, 천장과 시각적인 의미를 가지면서 요란하지 않는 장식물 등이 여기에 속한다.

2) 강조의 방법

① 일정한 방향으로 향하도록 하는 방법(방향)

예를 들면 거실의 소파를 벽난로쪽으로 향하도록 배치해 주면 거실의 벽난로는 시각적으로 주목받게 되어 중요한 역할로써 강조된다.

② 공간의 중앙 또는 대칭적인 구도의 중심에 장식하는 방법(중심, 대칭)

실내공간에서 그림, 꽃, 수집품, 가구 등을 대칭으로 배치시키면 이는 곧 가장 먼저 시선을 끌게 되고, 이로부터 전체 공간으로 시선이 유도되면서 편안히 쉴 수 있도록 해 준다.

③ 예외적인 크기로 강조하는 방법(크기)

강조할 부분을 다른 요소들보다 시각적인 차이를 많이 둔다. 즉 같은 크기에서 하나가 훨씬 작거나 클 때, 불분명한 형태에서 명확한 형태가 존재할 때 시선은 끌리게 된다.

④ 요소를 대비시켜 시선을 집중시키는 방법(대비)

대비는 강조를 나타내기 위한 가장 기본적인 방법이다. 대비를 나타낼 수 있는 요인으로는 색상, 명도, 채도, 방향, 질감 등 모든 디자인 요소가 해당될 수 있다.

⑤ 집중조명으로 강조하는 방법(조명)

조명은 디자인에 있어서 어떤 요소를 강조시키고자 할 때 활용하면 효과적이다. 예를 들면, 눈에 띄지 않는 작은 소품이나 그림들을 조명으로 비춰줌으로써 그 공간에서 가장 관심을 끄는 요소로 변화시킬 수 있다.

종 류	방 향	중 심	크 기
개 념	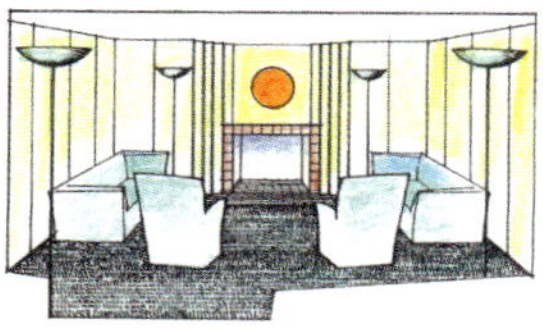		
종 류	대 비	조 명	
개 념	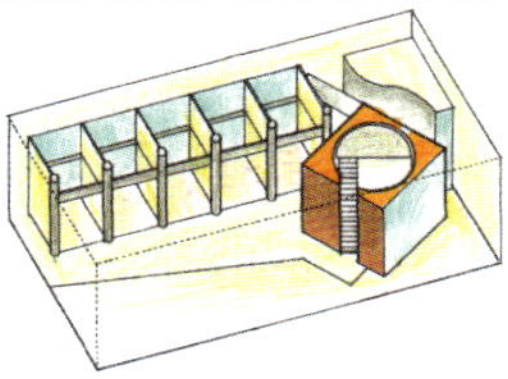		

표 2 강조하는 방법

1.4 조 명

우리는 빛이 있어야 비로소 사물을 볼 수 있으며 우리가 바라보는 모든 색 역시 빛에 의해 생성된다. 또한 빛은 그 특성에 따라 사물의 형태나 색채 등을 변하게도 할 수 있으므로 동일한 사물일지라도 빛에 의해 다르게 보일 수 있다. 그러므로 빛은 색과 따로 분리시켜 생각할 수 없는 매우 복잡하면서도 필수불가결한 요소이므로 보다 올바른 이해를 위해서 본 서에서는 2개의 장으로 나누어 서술하였다.

1. 빛의 성질

빛이란 에너지의 한 형태이다. 그러나 일반적으로 우리가 생각하고 있는 빛은 많은 전자파 중에서도 사람의 눈으로 볼 수 있는 영역인 대략 380nm~780nm 범위의 파장을 말하며, 이것을 가시광선이라고 한다. 동일한 사물일지라도 빛의 특성에 따라 전혀 다르게 보일 수 있으므로 디자이너들은 빛의 성질에 대해서 충분한 이해가 있어야 할 것이다. 따라서 빛은 매우 복잡하므로 빛의 성질을 물리적인 측면, 심리적인 측면, 경제적인 측면으로 나누어 살펴보고자 한다.

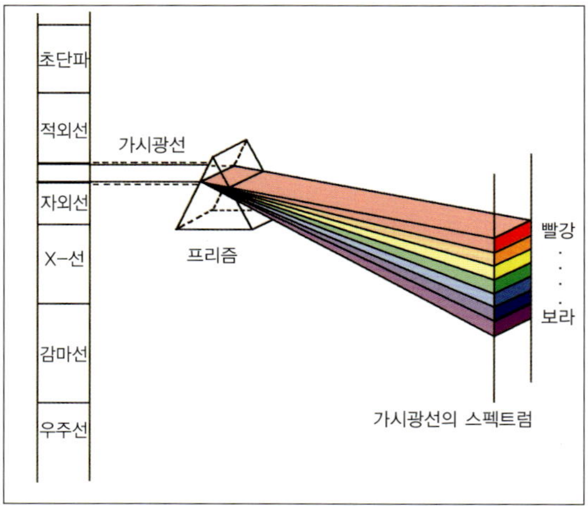

그림 1 빛의 종류

1) 빛의 물리적 측면

빛의 물리적 측면에는 여러 가지가 있으나, 일반적으로는 광도, 반사도, 빛의 색 등으로 나눌 수 있다.

(1) 광도

광도란 광원에서 발산하는 빛의 세기를 말하며, 단위로는 촉광[1] 또는 칸델라로 나타낸다.

일상생활에서 빛의 광도는 놀랄만큼 다양하게 존재한다. 자연조명으로는 햇빛에서부터 달빛까지 무수히 많은 밝기가 있으며, 인공조명으로는 광도가 아주 낮은 3.5와트짜리 야간전등에서 350와트짜리 일반 조명기구에 이르기까지 그 종류가 매우 다양하다. 따라서 실내공간에서 광도의 경우, 자연조명으로는 창의 크기나 위치 등으로 조절 가능하며, 인공조명은 조명의 종류와 개수 등으로 조절할 수 있다.

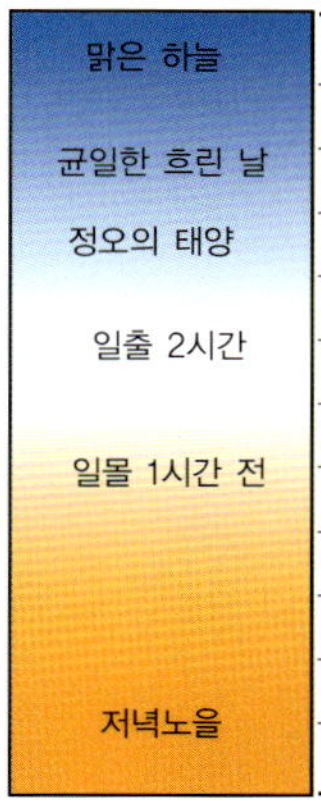

10,000	청색, 주광색 형광램프
6,000	고압 수은램프
5,500	
4,200	CDM램프
4,000	콤팩트 형광등(주광색)
3,200	할로겐램프
3,000	CDM콤팩트 형광등
2,900	PAR램프
2,000	고압 나트륨
1,800	촛불

그림 2 광도의 종류와 색

(2) 반사도

빛은 반사하는 성질이 있다. 그러나 반사되는 정도는 재료의 표면, 질감, 색채에 따라 달라진다. 일반적으로 금속, 유리, 타일은 직물, 목재, 석재 등에 비해 반사도가 높으며 또한 같은 재료라 하더라도 재료의 표면을 매끄럽고 반짝이게 처리한다면 거친 질감에 비해 반사도가 높게 나타난다. 따라서 디자인에서는 면적이 큰 표면에는 일반적으로 빛을 어느 정도 흡수하는 마감재를 사용하는 반면, 악센트가 되는 작은 표면에는 빛의 반사도가 높은 재료를 사용하기도 한다. 예를 들면 벽면은 빛을 흡수하는 마감재를 선택하는 반면 도어의 손잡이를 금속성 물질로 하거나, 액자의 틀을 빛이 반사되는 물질로 사용하게 되면 악센트 효과를 높일 수 있다. 또한 테이블보는 빛을 흡수하는 마감재를 선택하는 반면, 커틀러리나 식기 등은 빛을 반사하는 재료를 사용할 수 있다.

1) 보통 양초 1개를 켰을 때의 광도를 1촉광이라 한다. 따라서 우리가 일반적으로 많이 쓰는 60촉광 백열등의 밝기는 양초 60개를 켰을 때의 밝기와 같은 것이다.

그림 3 반사도가 낮은 거친 질감의 실내

그림 4 반사도가 높은 매끈한 질감의 실내

(3) 빛의 색

색파장의 분포에 따라 빛의 색이 다양하게 나타나듯이, 같은 태양일지라도 아침, 점심, 저녁의 빛이 모두 다른 색으로 보여진다. 인공조명의 경우에도 광원의 종류에 따라 내포되어 있는 색의 파장분포가 다르므로 빛의 색 역시 모두 다르다. 즉 백열등은 적색계열의 파장이, 형광등은 청색계열의 파장이 가장 많이 분포되어 있다. 그리고 할로겐 램프는 무지개색을 포함하고 있으나, 나트륨등은 황색계열만 분포되어 있다. 또한 이러한 광원들을 동일한 물건을 비췄을 때 빛의 색에 따라 물

	조명의 종류	색채 분포	현 상
태양광		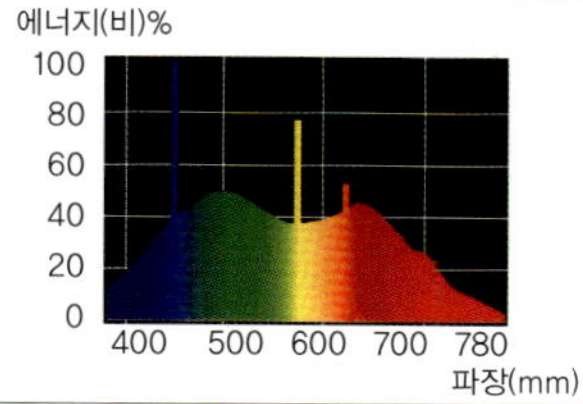	
백열등		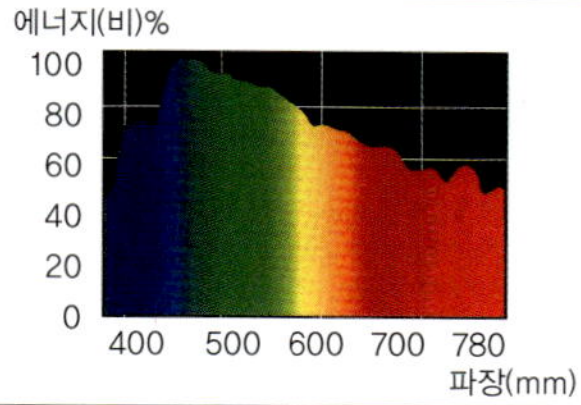	
형광등		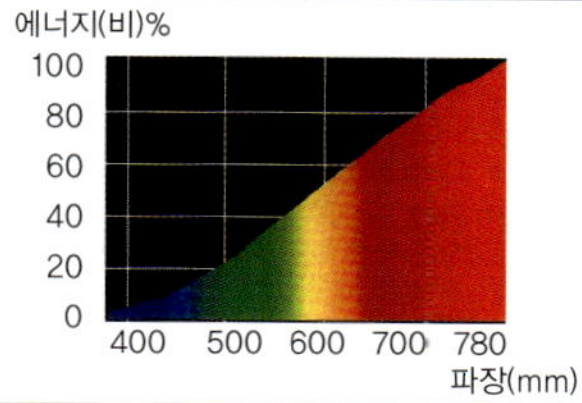	
나트륨등	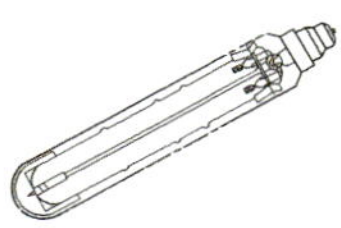	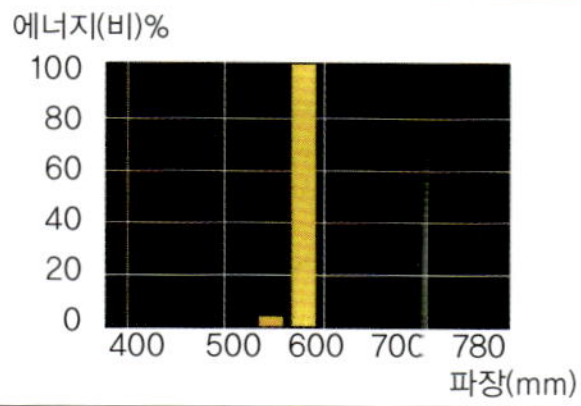	

표 1 광원의 종류별 색채분포와 현상

건의 색이 변하게 되는데[2] 이러한 현상을 '연색성'[3]이라고 한다. 따라서 올바른 조명계획을 위해서는 실내의 분위기에 맞는 광원색 선택이 우선되어야 할 것이다.

2) 빛의 심리적 측면

빛이 우리에게 주는 심리적인 영향으로 인해 빛의 특성에 따라 우리의 행동 또한 직접, 간접으로 영향을 받는다. 이로써 빛은 실내분위기를 연출하는 하나의 요소가 될 수 있다.

■밝은 빛 : 우리에게 활기를 주므로 힘든 일이나 활동적인 놀이를 할 때 적합하다.

2) 예를 들면, 백열전구 아래에서는 붉은 색의 채소가 싱싱하게 보이지만, 형광등 아래에서는 푸른 색의 채소가 더욱 싱싱하게 보인다. 그러나 모든 파장을 포함하고 있는 할로겐등 아래예서는 모든 색의 채소가 다 싱싱하게 보인다.

3) 연색성이란 태양광에서 보이는 사물의 색과 인공광에서 보여지는 사물의 색을 비교했을 때 그 동일한 정도를 말하는데, 인공조명에서의 연색성은 할로겐램프가 가장 좋다.

- 차분한 빛 : 편안한 느낌을 주므로 휴식을 취하고자 할 때 적합하다. 그러나 이때 빛이 눈에 직접적으로 들어오지 않도록 주의해야 한다.
- 번쩍이는 빛 : 시각적 유도를 가지고 오지만 심리적으로는 불안한 느낌을 준다.
- 스포트라이트와 같이 집중적인 빛 : 강조나 자랑스러운 느낌을 주지만 또한 감시받는 듯한 느낌도 준다. 실내에서 돋보이고 싶은 예술품에는 스포트라이트와 같은 집중적인 빛을 비추면 강조의 효과를 얻을 수 있다.
- 어른거리는 빛 : 주의를 끌며 그곳으로 다가가게 만든다. 한편 강한 대조의 빛은 극적으로 보여지지만 너무 강하면 피로하기 쉽다. 따라서 벽난로의 어른거리는 빛은 벽난로 근처로 사람들을 이끌어 거실공간의 구심점이 되기도 한다.
- 난색계열의 빛 : 명랑하고 타인을 환영하는 듯한 느낌을 주므로 현관에 사용하면 효과적이다.
- 한색계열의 빛 : 편안하고 차분한 느낌을 주므로 작업장소에 사용하면 작업능률을 높일 수 있다.
- 눈높이 아래에서 비쳐지는 빛 : 친근감을 준다. 즉 플로어램프나 테이블램프와 같이 높이가 낮은 조명은 거실이나 침실의 천장에 부착된 중앙조명보다 훨씬 더 친근감을 느끼게 한다.

3) 빛의 경제적 측면

경제적인 측면에서의 조명계획은 자연조명과 인공조명 모두를 고려해야 한다. 특수한 용도에 의해 창이 없는 건축물을 제외하고는 낮에는 자연조명, 밤에는 인공조명에 의존하는 것이 기본이다.

자연조명의 경우, 커튼이나 블라인드 등을 활용하면 빛을 완전히 차단시키지 않고도 방으로 들어오는 빛을 충분히 조절할 수 있으므로 방의 밝기에 필요한 에너지뿐만 아니라 냉난방에 필요한 에너지를 절약할 수도 있다.

인공조명의 경우, 우리는 단순히 경제적인 측면에서만 볼 때 원하는 효과를 내는데 필요한 최소한의 조명만 제공해주면 된다고 생각할 수 있다. 그러나 부분조명이 전혀 없이 전반조명으로만 실내를 밝힌다거나, 실내에 있는 모든 조명시설을 단지 하나의 스위치로 조절한다든가 하는 것은 오히려 더 비경제적이라고 할 수 있다. 따라서 경제적이며 효율적인 조명계획 방법으로는 첫째, 충분한 빛이 되도록 한다. 둘째, 그 빛을 필요에 따라 조절할 수 있도록 한다. 즉 스위치를 여러 개 분리시키거나 가감식 조광기를 사용하여 상황에 따라 다양한 광도를 만들어내는 방법이다. 또한 조명의 색으로 방의 온도를 조절해 줄 수 있는 방법도 있다. 춥고 음산한 느낌의 북향 방에는 따뜻한 느낌의 백열등을, 여름철 햇빛이 깊이 들어와 무더운 서향 방에는 서늘한 느낌의 청백색 형광등이 효과적이다. 셋째, 조명의 효율이 높도록 계획한다. 즉 천장이나 벽에 반사율이 높은 색이나 재질을 사용하면 되는데 일반적으로 마감재의 질감이 거친 것보다는 매끄러운 것, 진한 색보다는 연한 색이 반사율이 높다. 마감재 중 반사율이 가장 높은 것은 거울이며, 그밖에 연마한 금속재나 석재가 있다.

색채 중에서는 백색이나 아이보리색, 연한크림색 등 비교적 명도가 높은 색일수록 반사율이 높다.

2. 자연조명

자연조명이란 주간의 밝은 하늘을 통해 창으로 받아들이는 빛을 말한다. 이는 하루종일 변화가 없는 인공조명에 비해 시시각각 변하므로 실내분위기를 변화무쌍하게 만들 뿐만 아니라 에너지도 절감되는 장점이 있다. 또한 인공조명보다 발광효율이 높고 연색성이 좋으며 인간에게 가장 편안한 시환경을 제공해 주기도 한다. 따라서 자연조명은 실내의 조명계획시 가장 먼저 고려해야 할 요소이다.

1) 자연조명의 특성

(1) 창의 방위에 따른 빛의 특성

① 동향 : 아침 일찍 태양빛을 받게 되므로 침실의 경우에는 아침이 화창하게 느껴지지만 태양빛이 일찍 없어지는 단점이 있다.

② 서향 : 오후 늦게 태양빛을 받게 되므로 때때로 너무 덥다는 느낌과 빛이 지나치게 강하다는 느낌을 받게 된다. 그러므로 창에는 커튼이나 블라인드를 사용하거나, 옥외에는 나무, 울타리, 관목, 차양 등을 사용하여 빛을 조절할 수 있도록 한다.

③ 남향 : 빛이 하루 종일 계속해서 변하며 따뜻한 느낌을 준다. 따라서 남향은 빛, 즐거움, 조절성의 입장에서 보면 가장 최적의 위치이다.

④ 북향 : 태양빛을 직접 받지 못해 차가운 느낌을 줄 수 있으나 그림자의 이동이 없으므로 예술 및 작업공간으로는 매우 적합하다.

(2) 창의 위치에 따른 빛의 특성

① 측창

이는 실내 측면의 수직창을 통해 빛이 들어오는 가장 일반적인 채광법이다. 한쪽 벽면에서 빛이 들어오는 경우, 빛이 측면에서 들어오기 때문에 반사로 인한 눈부심이 없고 물체의 명암을 명확히 해주어 입체감이 생기는 장점이 있으나 빛이 내부 깊숙이 들어오지 못하는 단점이 있다. 그러나 창의 수와 위치에 따라 그 효과는 매우 다르다.

② 정측창

이는 창 턱높이가 눈높이보다 높고, 창의 상부가 천장선과 같거나 그 아래에 위치한 수직창이다. 채광면은 수평면, 수직면 모두에 해당되지만 빛의 양은 천창에 비해 적다. 정측창은 미술관, 박물관, 공장 등에서 채광상의 요구를 해결하기 위해 많이 이용되는 채광방식이다.

③ 천창

이는 채광 또는 환기를 목적으로 건물의 지붕에 낸 창이다. 천창은 같은 면적의 측창보다 광량이 3배 정도 많으며, 조도분포도 비교적 균일하다. 최소의 크기로 많은 빛을 실내로 유입시킬 수 있으므로 광창이라고도 한다.

그림 5 측창

그림 6 정측창

그림 7 천창

3. 인공조명

인공조명은 자연조명과 달리 조명의 활용도에 따라 공간을 즐겁고 밝은 분위기 또는 부드럽고 안락한 분위기 등과 같이 다양한 연출이 가능하다. 그러므로 조명 계획시에는 공간의 목적을 분명히 파악해야 하며, 그 목적에 적합한 조명의 기구나 설치방법 등을 선택해야 한다.

1) 조명기구의 종류

조명기구의 종류를 발광의 원리와 부착방법에 따라 분류해 보면 다음과 같다.

(1) 발광원리에 의한 분류

① 백열등

백열등은 19세기 후기에 유래된 것으로서 현재 사용하고 있는 조명 중 가장 오래된 전등이다. 백열등의 경우 빨강, 주황, 노랑 등의 따뜻한 계열 색은 더욱 선명하고 아름답게 보이도록 해주는 장점이 있다. 그러나 이는 많은 양의 열을 방출시키기 때문에 기구가 뜨겁고 전력소모에 비해 에너지 효율이 떨어지며 전구의 수명이 비교적 짧다는 단점도 있다.

② 형광등

형광등은 전류가 흐르면서 유리관 내에 있는 가스가 형광물질에 부딪쳐서 빛을 발산한다. 형광등은 대체로 차가운 계열의 빛을 내지만 최근에는 푸른빛에서부터 순백색의 핑크빛까지 색상의 범위가 다양하게 개발되고 있다. 형광등은 에너지 효율이 높고 광원이 커서 눈부심이 없으며 빛이 부드럽다는 장점이 있다.

③ 할로겐 램프

할로겐 램프는 전구 자체가 작고 간편하며 에너지 효율이 높고 인공조명 중에서 연색성이 가장 높다. 할로겐 램프는 다른 조명들에 비해 조금 비싸지만 램프의 수명이 길고 전력소모가 적기 때문에 오히려 경제적이라고 할 수 있다. 일반주택에서는 스포트라이트나 스탠드 등에 흔히 사용된다.

④ 네온

네온은 다홍색 빛을 방출하는 가스연소를 특별히 지칭하는 용어로서, 다른 가스들을 같은 방식으로 사용하게 되면 또 다른 색을 띠게 된다. 즉 유리관 내에 수은 가스를 넣으면 파란색(블루그린), 아르곤 가스를 넣으면 보라색(푸른빛의 자주빛),

헬륨 가스는 오렌지색(녹색조의 연노랑)이 된다. 이처럼 가스의 종류에 따라 여러 가지 색상이 있지만 편의상 모두 네온이라고 한다.

종 류	백열등	형광등	할로겐등	네온
조명기기		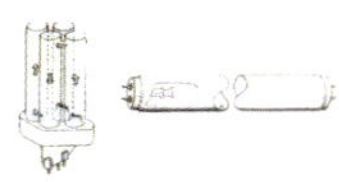	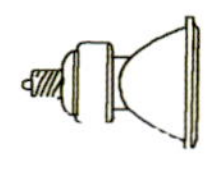	
색채분포				

표 2 광원의 종류

(2) 부착방법에 의한 분류

조명은 어둠을 밝히는 기능뿐만 아니라 실내분위기 연출과 더불어 액세서리의 역할도 한다. 그러므로 조명기구는 실내디자인의 한 요소가 되며 조명 기능에 따라 부착방법도 달라진다. 부착방법을 분류해보면 다음과 같다.

① 천장등

천장등은 천장에 직접 부착하여 방 전체를 고르게 비추어주는 조명기구이다. 이는 천장과 일체감을 이루도록 얇게 만들어 압박감이 적으며 설치가 간단하고 조명의 효율도 좋다.

② 매입등

매입등은 조명기구를 천장에 매입시키는 형식이지만 빛은 아래로 직접 비춰진다. 이러한 조명은 공간을 깔끔하게 보이도록 해주며, 또한 조명기구의 위치에 따라 빛의 밝기를 다르게 해주면 변화있는 공간이 되기도 한다.

③ 벽부등

벽부등은 벽이나 기둥에 부착되는 보조조명으로 장식적 성격이 강하다. 이는 대부분 반간접형의 배광을 가지고 있으나 특별한 효과를 위해서는 상향, 하향의 배광을 갖기도 한다.

④ 펜던트

펜던트는 천장에 매달아 조명하는 방식으로서 국부조명과 함께 장식적 의미가 강하다. 펜던트는 주로 식탁조명으로 이용되고 있으며, 높낮이 조절기능이 있으면 더욱 편리하다.

⑤ 샹들리에

샹들리에는 수십에서 수백 개의 유리구슬들이 매달려 있는 조명이다. 샹들리에는 장식성이 강하므로 손님접대가 이루어지는 거실공간에 주로 사용된다. 이러한 조명은 형태, 크기, 소재 등이 매우 다양하게 생산되고 있으므로 실내공간의 분위기나 여건에 적합한 것을 선택해야 한다.

⑥ 스포트라이트

스포트라이트는 실내 장식물을 더욱 돋보이게 하고자 할 때 설치되는 조명이다. 이는 천장이나 벽, 바닥에 설치하거나 트랙에 부착하여 사용되며 빛의 방향과 각도를 조절할 수 있는 집중조명이다.

⑦ 풋라이트

풋라이트는 바닥이나 벽 아래 부분에 설치되어 바닥을 밝히는 조명이다. 이는 어두운 복도나 계단 등 좁은 공간에 은은한 분위기를 유지하여 편안하게 걸을 수 있도록 해준다.

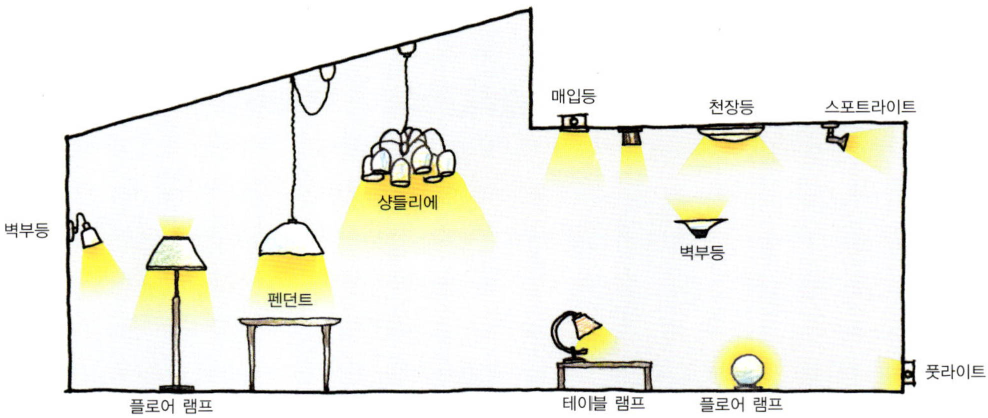

그림 8 조명기기의 종류

⑧ 건축화조명

건축화조명이란 건축과 조명이 일체가 되거나 건축의 일부가 광원화된 것을 말한다(그림 9). 이는 조명의 효율성은 적으나 세련된 이미지를 연출할 수 있다는 장점이 있다. 건축화조명에는 광창조명, 광천장조명 등의 직접조명 방식과 코브조명, 밸런스조명, 코니스조명, 캐노피조명 등의 간접조명 방식이 있다

1. 광창조명
2. 광천장조명
3. 코브조명
4. 코니스조명

그림 9 건축화조명의 종류

2) 조명방식의 종류

조명방식의 종류에는 조명의 사용방법과 조명기기의 배광방식에 따라 분류해 볼 수 있다.

(1) 조명의 사용방법에 의한 분류

조명은 사용방법에 따라 3가지 원형, 즉 전반조명, 국부조명, 그리고 장식조명으로 구분된다.

① 전반조명

전반조명은 실내 전반에 빛을 확산시켜 비교적 균일하게 비춰주는 조명방식이다. 조명의 효과로는 그림자를 약하게 보이드록 하며 빛이 구석까지 분명하게 비춰주기 때문에 실내가 넓어 보인다. 전반조명의 예로는 천장에서 비추는 천장등이나 광천장 등이 있다.

② 국부조명

국부조명은 특별한 곳이나 활동을 위하여 공간의 특정부분을 비춰주는 조명방식이다. 이러한 조명은 작업면에서 가까운 위쪽이나 옆에 놓여지면 좋다. 국부조명은 대체로 독서나 기타 다른 정밀작업, 여러 종류의 공예작업, 요리, 그림이나 기타 예술작품, 강조하고 싶은 곳 등에 사용된다.

③ 장식조명

장식조명은 부분조명 형태로서 공간의 초점 역할 또는 명암의 패턴 등 장식을 위한 조명이다. 이는 단순히 작업면 또는 활동면을 비추는 조명과는 달리 전반조명의 단조로움을 보완하거나 실내의 특징을 강조하기 위하여 사용된다.

그림 10 전반조명

그림 11 국부조명

(2) 조명기구의 배광방식에 의한 분류

① 직접조명

직접조명은 광원의 빛 90~100%를 아래로 직접 비추므로 빛의 효율이 좋고 경제적인 방식이다. 그러나 이는 눈부심이 생기기 쉽고 조도가 균일하지 않으며 그림자가 강하게 생기는 단점이 있다.

② 반직접조명

반직접조명은 직접조명의 전등갓을 반투명으로 하여 천장으로도 빛이 일부분 비쳐지도록 하고, 나머지 60~90% 광량은 직접 아래로 향하도록 하는 방식이다. 이는 직접조명보다 눈부심이나 그림자가 약하며 또한 필요한 면에 비춰지는 빛의 양이 충분하다는 장점이 있다.

③ 전반확산조명

전반확산조명은 반사갓 대신에 전구에 글로브를 씌워서 아래, 위 모두 40~60%로 균일하게 확산되게 만드는 방법이다.

④ 반간접조명

반간접조명은 반투명의 전등갓을 아래로 씌워 일부의 빛은 전등갓을 통해 아래로 비춰지도록 하고, 나머지 60~90% 광량은 천장에 반사되어 비춰지는 방식이다. 이는 눈부심이 거의 없고 그림자도 매우 부드럽게 나타나는 장점이 있다.

⑤ 간접조명

간접조명은 빛이 벽이나 천장에 반사하여 간접적으로 비춰지는 방식을 말하며, 빛의 반사율은 90~100% 정도이다. 이는 눈부심이 없고 조도가 균일하며 음영이 없는 부드러운 빛을 내는 장점이 있다.

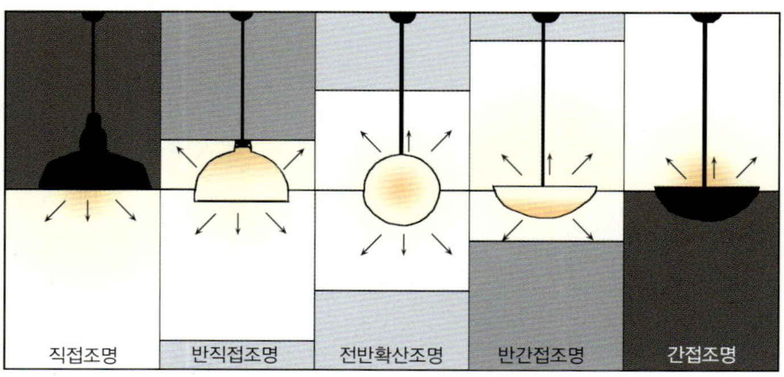

그림 12 배광방식에 따른 조명분류

그림 13 직접조명

그림 14 반직접조명

그림 15 전반확산조명

그림 16 반간접조명

그림 17 간접조명

1.5 색채

우리는 어린시절부터 언제나 색을 선택해 왔었고 색과 함께 살고 있다. 그래서인지 대부분의 사람들은 아직도 색의 선택에 있어서 많은 부분이 무의식적으로 행하는 것을 당연하게 생각한다. 그러나 주변 환경의 색에 의해서 사람들은 명랑해지거나 우울해지기도 하며, 같은 공간이라도 좁아 보이거나 넓어 보일 수도 있다. 이처럼 색은 사람의 심리에 영향을 끼칠 뿐만 아니라 형태나 공간이 실제와는 다르게 보일 수도 있는 요소이므로 색의 선택은 매우 신중하게 이루어져야 한다. 따라서 우리가 디자인적인 자질을 향상시키고자 한다면 색채에 대한 기본적인 이론을 바르게 이해하는 것이 매우 중요하며 우리가 색에 대해 더 많이 알게 될수록 색채 선택의 폭은 더욱 넓어질 것이다.

그림 1 색채와 실내공간 디자인

1. 색의 분류

1) 무채색

말 그대로 채도가 없는 색을 말하며 순수한 흰색, 회색, 검정색처럼 '색의 기미'가 전혀 없고 단지 밝고 어두운 정도의 차이만 있는 색을 무채색이라고 한다.

2) 유채색

무채색을 제외한 모든 색을 말하며 빨강, 주황, 노랑 등과 같이 '색의 기미'가 조금이라도 띠고 있으면 모두 유채색이다. 이는 명도 이외에도 색상과 채도라는 속성을 가진다.

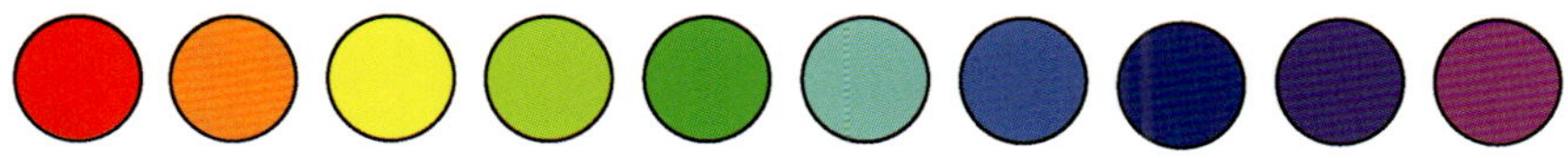

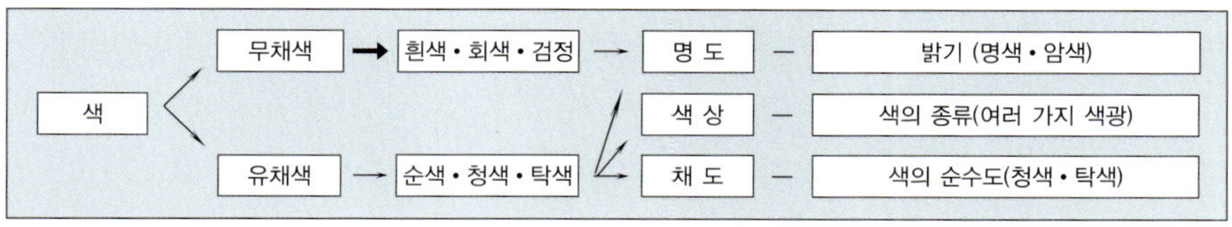

표 1 색의 분류

2. 색의 3속성

우리들이 사용하고 있는 모든 색에는 색상, 명도, 채도라는 요인들로 인해 우리들은 색을 구분하고 지각하게 된다. 이러한 세 가지 요인을 색의 삼속성이라고 한다. 삼속성의 개념으로 볼 때 인간은 약 60만 가지 색을 구분할 수 있다고 한다.

1) 색상 (Hue)

색상은 색을 구별하기 위해 붙여지는 색의 이름을 나타낸다. 즉 빨강, 노랑, 파랑 등 다른 색과 구별되는 고유의 성질을 말하며 이는 유채색에만 있다. 자연광을 프리즘에 통과하면 빨, 주, 노, 초, 파, 남, 보의 색띠로 분리되는데, 이 색들을 유사한 순서대로 나열시켜 보면 하나의 순환적 관계를 가진다. 이러한 관계에 따라 색상을 원으로 배열해 놓은 것을 색상환이라 한다. 색상환에서 가까운 거리에 있어 색상차가 적은 색을 유사색이라고 하며, 멀리 떨어져 있어 색상차가 큰 색을 반대색이라고 한다. 그리고 색상환에서 서로 마주보고 있어서 색상차가 가장 큰 색을 보색이라고 한다.

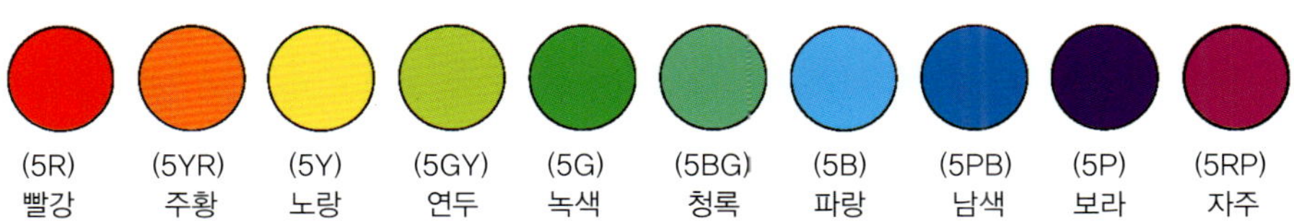

2) 명도 (Value)

명도는 색의 상대적인 밝기를 나타내는 척도이다. 즉 가장 밝은 흰색을 0, 가장 어두운 검정을 10으로 하고 그 중간인 회색을 9단계로 구분하여 전체를 11단계로 나타낸다. 또한 11단계를 다시 3단계로 나누어, 즉 0-3은 고명도, 4-6은 중명도, 7-10은 저명도로 구분하여 사용하기도 한다.

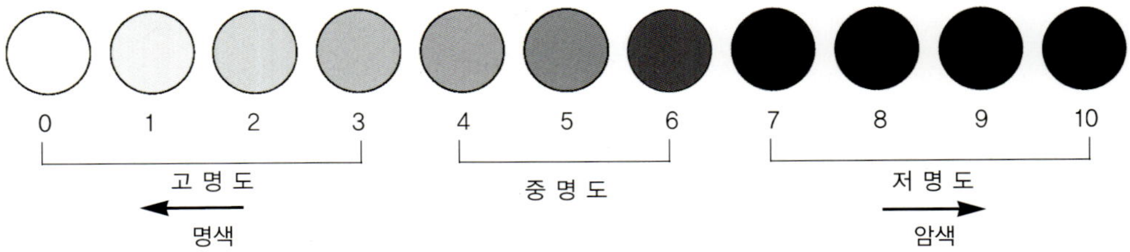

3) 채도 (Chroma)

채도는 색의 맑고 탁한 정도를 나타내는 것으로서 유채색에만 있다. 채도를 '순도' 또는 '포화도' 라고도 한다.

하나의 색상 내에서 채도가 가장 높은 색을 순색이라고 하며, 순색에 회색이나 보색을 조금 섞으면 채도는 낮아진다.

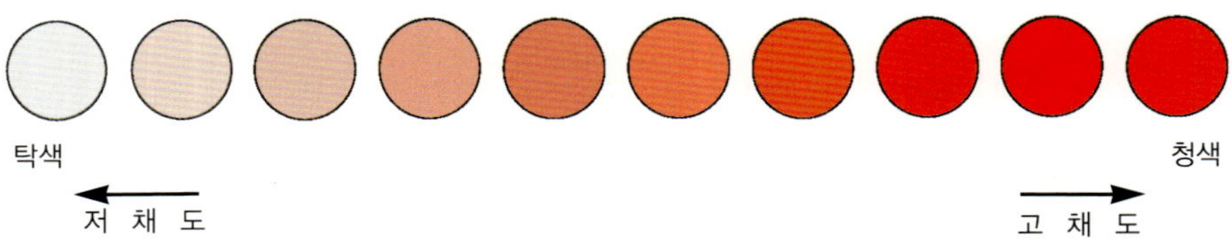

3. 색의 생리적 현상

우리들이 일상생활에서 경험하는 색의 세계는 항상 상대적이다. 즉 우리가 보는 색은 그 색의 주변이나 배경에 영향을 받으므로 단독으로 볼 때와는 다르게 보인다. 이와 같이 어떤 색이 주변 색의 영향으로 인하여 실제와는 다른 색으로 변해 보이는 현상을 색의 대비라고 한다. 대비효과에는 두 가지 색을 동시에 볼 때 생기는 동시대비와 하나의 색을 본 후에 새로운 색을 보았을 때 생기는 계시대비가 있다.

1) 동시대비

(1) 색상대비

이는 다른 두 색 간의 차이를 느끼게 되는 요인이 색상인 경우를 말한다. 색상대비의 현상으로는 두 색이 각각의 보색방향으로 치우쳐 보인다. 예를 들면 동일한 오렌지색을 녹색과 붉은색 위에 놓았을 경우, 녹색바탕의 오렌지색은 붉은색 기미를 띠는 반면, 붉은색 바탕의 오렌지색은 노란색 기미를 띠고 있음을 알 수 있다.

(2) 명도대비

이는 명도가 다른 두 색이 서로의 대조에 의해 명도 차이를 나타내는 현상을 말한다. 즉 밝은 색은 더욱 밝게 느껴지고 어두운 색은 더욱 어둡게 느껴지는 현상이다. 이때 두 색의 명도차가 클수록 명도대비는 강하게 일어난다.

(3) 채도대비

채도가 다른 두 색이 서로의 대조에 의해 채도 차이를 나타내는 것을 채도대비라고 한다. 그 현상은 채도가 낮은 색은 더욱 낮게, 채도가 높은 색은 더욱 높게 느껴진다.

(4) 보색대비

보색인 두 색이 서로 자극을 받아 기존의 색보다 더욱 선명하게 보이는 현상을 보색대비라고 한다. 보색의 특징은 물감인 경우 두 색을 혼합하면 우중충한 색으로 되지만, 2색을 대비시키면 서로의 색을 선명하고 밝게 보이도록 해준다.

색상대비	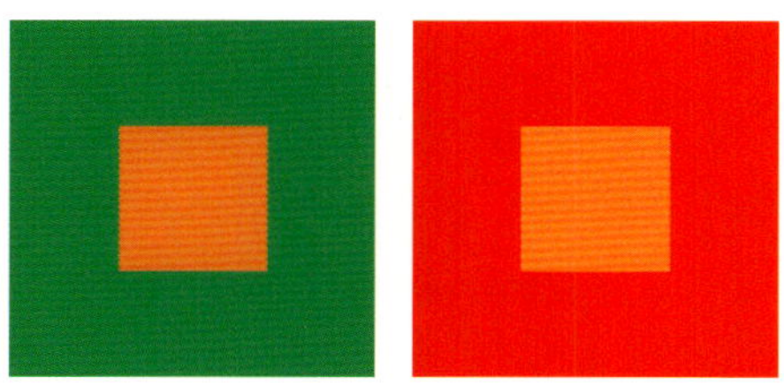	명도대비	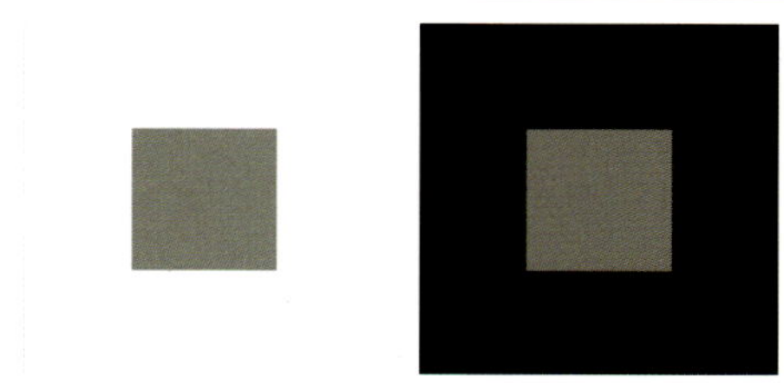
채도대비		보색대비	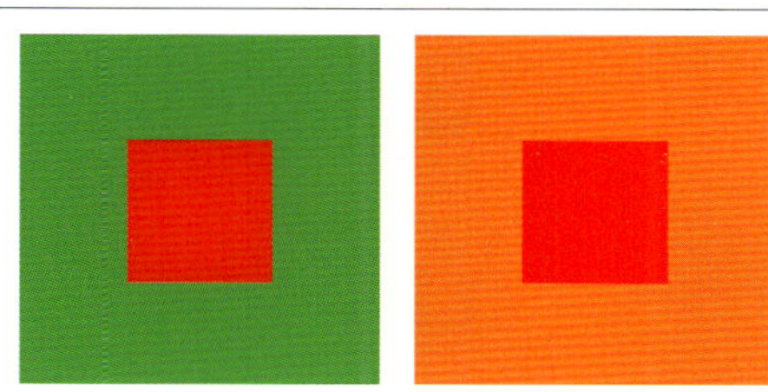

표 2 동시대비

2) 계시대비

계시대비란 계속대비라고도 하는데, 이는 어떤 색을 일정시간 보고 난 후 곧바로 시선을 다른 색으로 옮겼을 때 먼저 본 색의 잔상이 다음에 본 색 위에 나타나는 현상을 말한다. 미국의 실제 사례를 보면, 외과병원에서 수술도중 의사가 잠시 벽으로 눈을 돌리자 벽에 절개부의 잔상이 어른거려 현기증으로 몹시 힘들었다고 한다. 그래서 그 이후로 수술실 벽을 흰색에서 붉은 피의 잔상색인 엷은 청록색으로 바꾸었더니 잔상이 없어졌다는 보고에 따라 오늘날 대부분의 병원에서는 수술실의 벽이나 수술복 등을 청록계열의 색으로 사용하고 있다.

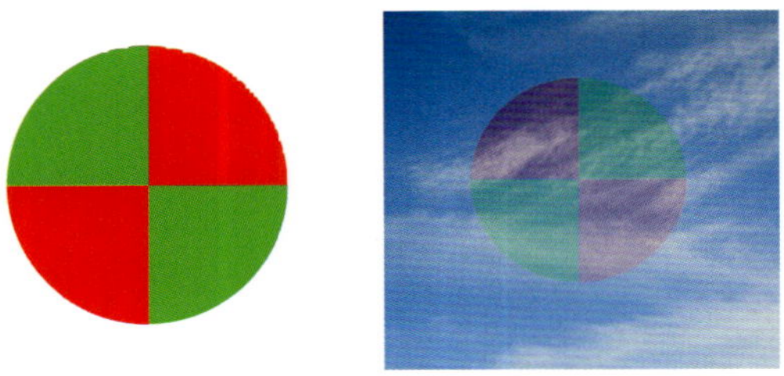	
잔상은 배경과 관계없이 항상 일어난다. 왼쪽그림을 오랫동안 응시한 후 시야를 옮기면 자연현상에서도 잔상이 일어난다.	대부분의 수술실은 엷은 청록색의 벽으로 색채조절되어 있어 수술 후 붉은 피의 잔상이 생기지 않는다.

표 3 계시대비

4. 색의 심리적 현상

색을 눈으로 보는 단계를 생리적 현상이라 한다면, 눈으로 본 색에 의해 어떤 감정을 일으키는 단계를 심리적 현상이라 하고, 이를 색의 감정효과라 한다. 색에 대한 감정은 색상, 명도, 채도 등의 정도, 색의 배경, 조명, 나이, 성별, 개성, 문화, 환경 등에 따라서도 다르게 느껴지지만, 일반적으로 사람의 본능, 경험, 연상 등에 의해 작용하게 된다. 색의 감정효과에 대해서 살펴보면 다음과 같다.

1) 색채와 감각

(1) 온도감

온도감이란 색상에 따라서 '따뜻하다', '차갑다' 또는 '따뜻하지도 차갑지도 않다' 라고 느껴지는 감정을 말한다. 난색은 빨강에서 노랑을, 한색은 파랑색 계열을 말하며, 그 외의 색은 중성색이다. 일반적으로 난색은 자극적이고 경쾌함을 주며, 한색은 조용하며 정적인 느낌을 준다.

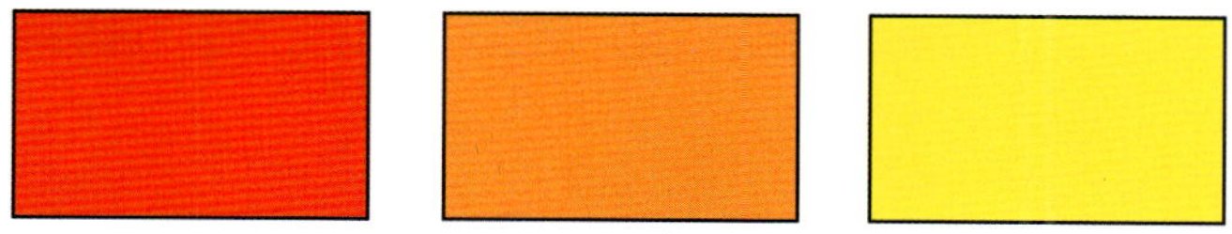

그림 2 따뜻한 느낌의 색

그림 3 차가운 느낌의 색

(2) 중량감

중량감이란 색에 따라 무겁거나 가볍게 느껴지는 것을 말한다. 이는 색의 속성 중 특히 명도의 영향을 가장 많이 받는다. 색상에 관계없이 밝은 색은 가볍게, 어두운 색은 무겁게 느껴진다.

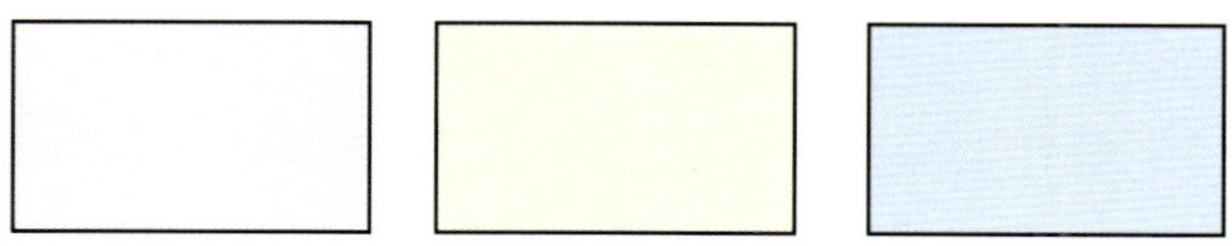

그림 4 가벼운 느낌의 색

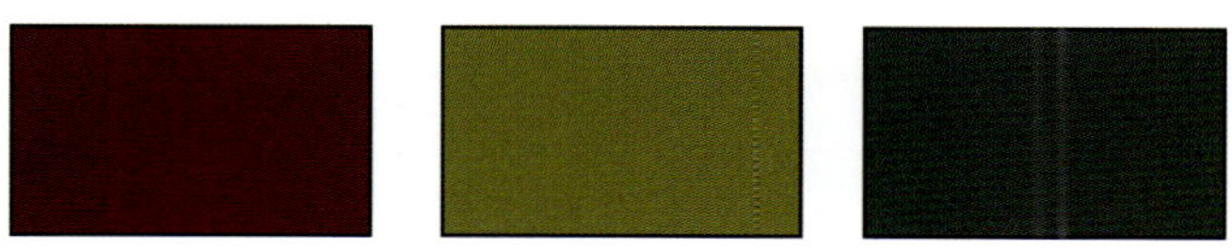

그림 5 무거운 느낌의 색

(3) 강약감

강약감이란 색에 따라 강하게 또는 약하게 느껴지는 것을 말한다. 이는 채도에 영향을 가장 많이 받으며 채도가 높은 색은 강한 느낌을 주며, 반면 채도가 낮으면 약한 느낌을 준다.

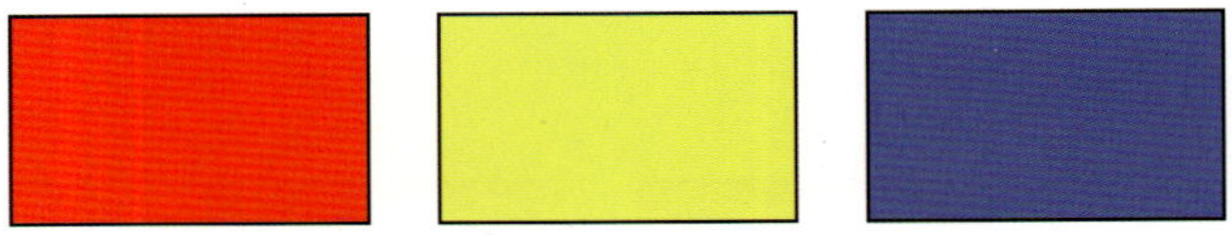

그림 6 강한 느낌의 색

그림 7 약한 느낌의 색

(4) 경연감

경연감이란 색에 따라 딱딱하게 또는 부드럽게 느껴지는 것을 말한다. 경연감은 색상보다 명도와 채도의 영향을 많이 받는다. 고명도, 저채도는 부드러운 느낌을 주며, 저명도, 고채도는 딱딱한 느낌을 준다.

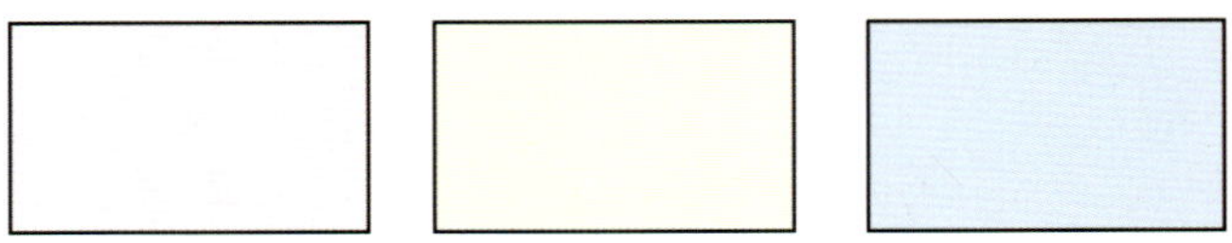

그림 8 부드러운 느낌의 색

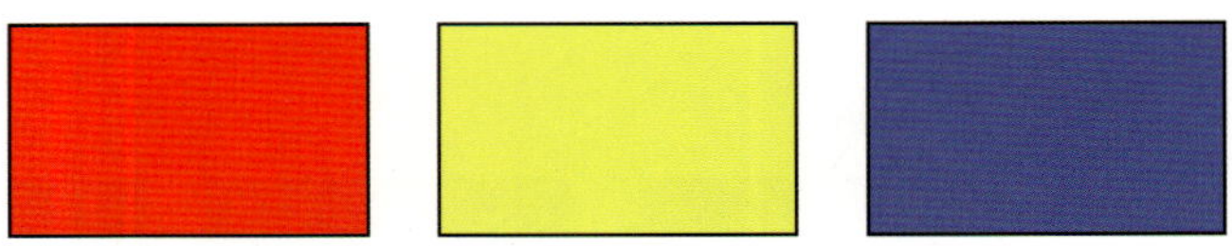

그림 9 딱딱한 느낌의 색

(5) 진출과 팽창, 후퇴와 수축

일정한 거리에서 색을 봤을 때 실제보다 더 가깝게 느껴지는 색을 '진출색', 실제보다 더 멀게 느껴지는 색을 '후퇴색'이라고 한다. 이러한 진출색과 후퇴색의 구분은 색의 수축, 팽창과도 관계가 있다. 어떤 색의 면적이 실제의 면적보다 크게 느껴지는 색을 '팽창색'이라고 하며, 그 반대의 경우를 '수축색'이라 한다. 색채효과는 일반적으로 진출색은 팽창색이 되고 후퇴색은 수축색이 된다.

- 진출색, 팽창색 : 난색, 고명도, 고채도
- 후퇴색, 수축색 : 한색, 저명도, 저채도

따라서 실내에서 많은 면적을 차지하고 있는 바닥, 벽, 천장의 색은 운동감에 영향을 받게 되므로 색채계획시 공간의 크기, 형태 등을 고려한 색의 선택이 이루어져야 할 것이다.

진출색

후퇴색

그림 10 진출색과 후퇴색

팽창색

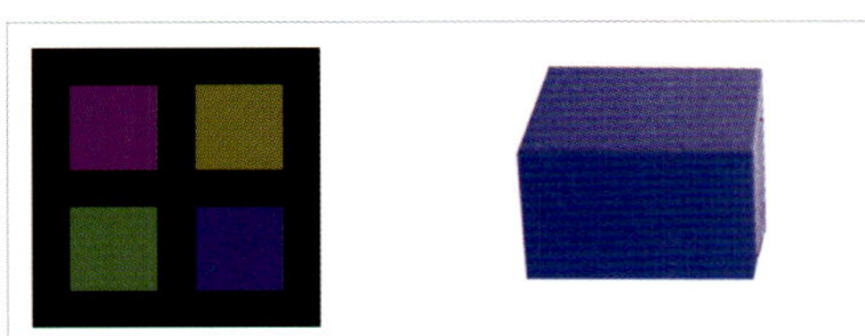

수축색

그림 11 팽창색과 수축색

2) 색채와 공감각

색채의 감각은 미각, 후각, 청각, 촉각 등과 연관되어 뇌에 전달된다. 이는 각각의 감각기관 정보가 중심에 연결되어 있어 색을 보고 맛, 냄새, 소리, 촉감 등이 공명적으로 느껴지기 때문이다. 이와 같이 색채가 다른 감각기관의 느낌을 수반하는 것을 공감각이라 한다. 이는 성별, 인종, 연령이나 문화의 차이에 관계없이 인간으로서 공통적으로 지각하는 현상으로서, 개인차가 있긴 하지만 일반적인 통계조사 결과를 참고할 수 있다.

(1) 미각

일반적으로 사람들은 음식의 색에 민감하게 반응하는데 음식의 색채에 따라 식욕이 증진되기도 하고 감퇴되기도 한다. 예를 들면, 황색의 마가린이 흰색의 버터보다 미각을 더 느끼게 하며, 빨갛게 잘 익은 과일에서 설익은 과일보다 미각을 더 느낀다.

음식에 있어서 색은 맛을 나타내므로 맛과 색을 정확히 표현하게 되면 음식이 보다 훌륭하게 될 수 있다.

맛과 연상되는 색채를 살펴보면 다음과 같다.

① 단맛 : 빨강색과 주황색, 붉은 기미의 황색 배색(일반적으로 난색계열 배색)
② 매운 맛 : 빨강색과 검정색을 사용
③ 신맛 : 녹색 기미의 황색, 황색 기미의 녹색(겨자색)
④ 짠맛 : 연한 녹색과 회색, 연한 청색과 회색의 배색
⑤ 쓴맛 : 짙은 청색, 짙은 갈색, oliver green, 자색(일반적으로 한색계열 배색)

(2) 촉각

어떤 색을 보게 되면 따뜻하거나 서늘하게 느껴지기도 하고, 메마르거나 습기차게 느껴지기도 한다. 이러한 촉각적인 느낌은 대부분의 사람들이 심리적인 반응에서 나타나는 것이다. 색에서 촉감과 관련된 느낌을 색과 톤으로 정리해 보면 다음과 같다.

① 평활과 광택감 : 고명도이면서 고채도의 색
② 윤택감 : deep tone의 색
③ 경질감 : 은어색(silver gray)은 딱딱하면서 차갑게 느껴지며, 한색계열의 회색 기미가 있는 색
④ 조면감 : dark grayish(짙은 회색 기미의 색)
⑤ 유연감 : light톤의 난색계열 색
⑥ 접촉감 : 짙은 중성난색. olive green과 olive yellow 등

(3) 후각

장미나 라일락 등에서 향을 느끼듯이, 연한 라일락 색만 봐도 우리는 라일락의 은은한 향기를 느끼게 된다. 또한 참외를 고를 때 참외의 냄새를 먼저 맡아보는 것처럼 노랑 참외의 황색이나 레몬색에서 과일의 향을 느끼기도 한다. 이처럼 우리들의 생활 주변 대상과 동일한 색채를 볼 때 그 색에 수반되는 색채 감정을 가지게 되는 것처럼, 후각은 사람들의 경험에 의해 나타나는 것이다.

① 톡 쏘는 냄새 : orange색
② 은은한 향기 : 자색, 연한 자색
③ 향수냄새, 비누냄새 : bright톤. 보석색이나 맑은 투과색
④ 좋은 냄새 : bright이나 pale 톤. 맑고 순수하고 섬세한 색
⑤ 짙은 냄새 : deep톤. 즉 코코아색(cocoa brown), 포도주색(burgundy), olive green 등
⑥ 나쁜 냄새와 독한 냄새 : 짙은 무채색, 흐린 난색계열

(4) 청각

음에서 색을 강하게 느끼는 사람이 있는데, 이러한 현상을 색청이라고 한다. 이 느낌은 사람에 따라 다르다고 한다. 그러나 일반적으로 느껴지는 색과 청각에 대해서 정리해보면 다음과 같다.

① 낮은 음 : 저명도의 색
② 표준음계 : 각 색상의 순색
③ 높은 음 : 밝고 강한 채도의 색
④ 예리한 음 : Scarlet (해맑은 황색 띤 적색), Emerald Green, 청록과 같은 순색에 가까운 밝고 선명한 색
⑤ 탁음 : 탁한 색, 회색 띤 색
⑥ 마찰음 : 회색 띤 색과 거칠게 칠해진 색

5. 색의 배색과 조화

배색이란 색채로 어떤 효과를 얻기 위한 색의 조합을 말한다. 그리고 그 배색이 보는 사람에게 쾌감을 줄 때 이를 색의 조화라고 한다. 색의 조화에는 1, 2, 3, 4색 혹은 그 이상의 색으로 형성할 수 있다. 우리는 이와 같은 색의 조화를 단색조화, 유사색조화, 3색조화, 4색조화라고 한다.

1) 동일색상에 의한 조화

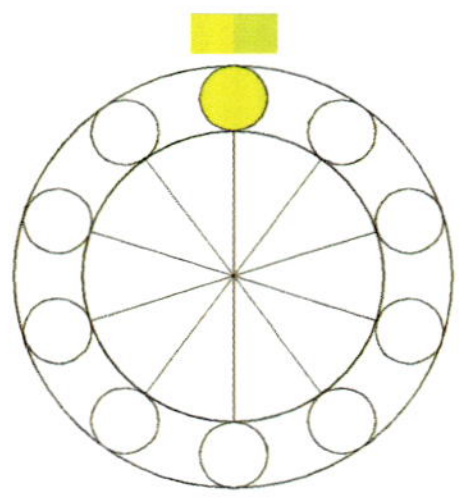

이는 한 가지 색상을 기본으로 명도와 채도를 다양하게 변화시킨 배색이며, 이를 단색조화라고도 한다. 이러한 조화는 실내에 통일감을 주는 장점이 있지만 단조로울 수 있다. 그러므로 단색으로 배색을 할 경우에는 형태, 질감 등을 각각 다르게 계획하는 것도 하나의 방법이 된다. 그리고 고채도처럼 강한 색이나 짙은 색 사용은 전체 분위기가 과도해질 수 있으므로 주의할 필요가 있다.

2) 유사색상에 의한 조화

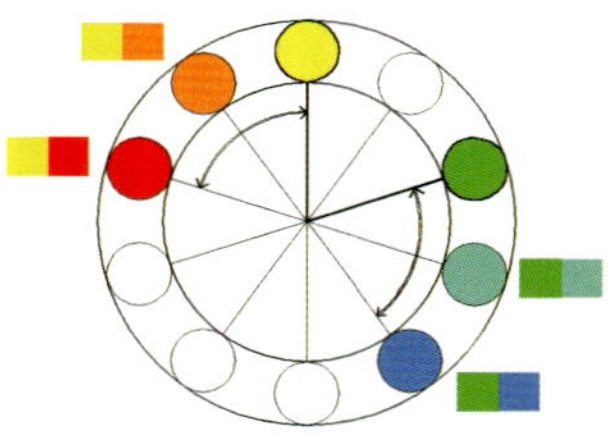

유사색 조화란 색상환에서 서로 이웃하는 색상들로 이루어진 배색을 말한다. 이러한 배색은 어떤 한 가지 색을 공통으로 갖고 있기 때문에 자연스런 통일감을 주게 되는 것이다. 유사색 조화는 단색조화보다 더 다양하면서 흥미롭게 보이며 넓은 면적에서도 쉽게 통일감을 얻을 수 있는 장점이 있다.

3) 보색에 의한 조화

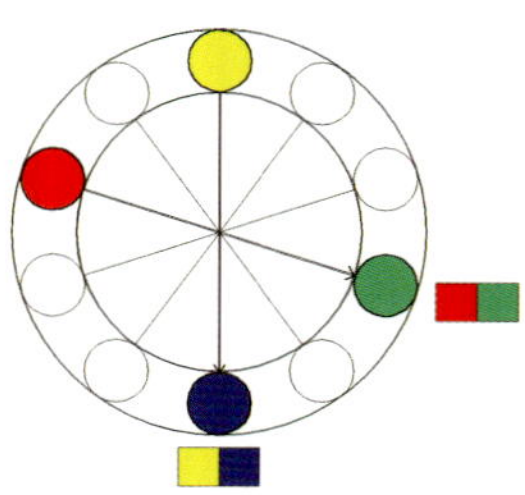

보색조화란 색상환에서 서로 마주보고 있는 색상들로 이루어진 배색을 말한다. 보색조화는 비교적 강한 대조를 나타낼 뿐만 아니라 관련색 조화 중에서도 가장 생동감이 있어 보이는 경향이 있다.

4) 3색에 의한 조화

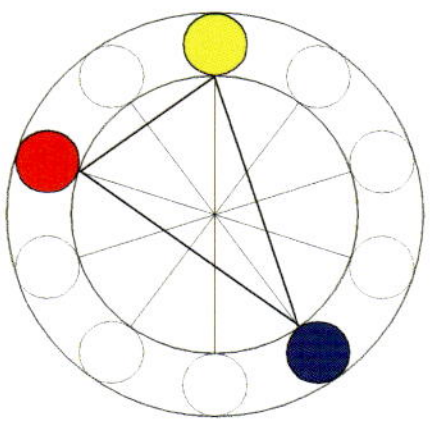

3색조화는 색상환에서 각각의 거리가 비슷한 3가지 색상으로 이루어진다. 그러나 이는 너무 강한 느낌을 줄 수도 있으므로 주거공간에서는 채도를 낮추어 사용하는 것이 좋다. 즉 녹색, 주황, 보라색을 각각 황록색, 적갈색, 담홍회색으로 변화시켜 사용한다. 따라서 이러한 조화는 활기있게 보일 수도 있고 차분해 보일 수도 있다.

5) 4색에 의한 조화

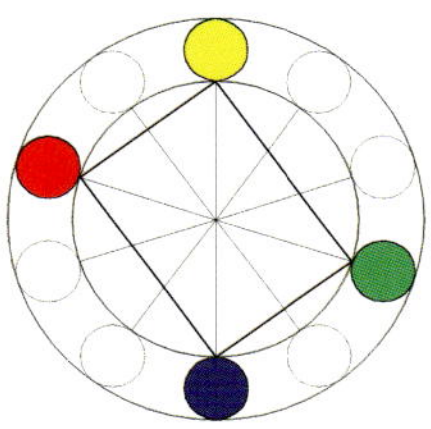

4색 조화란 색상환에서 서로 거리가 같은 4가지 색상으로 이루어진 것을 말한다. 이러한 조합은 화려하고 다양하면서도 통일감이 있으며 완전히 균형 잡힌 구성이 된다.

공간 디자인과 테이블 스타일링

2 실내디자인

2.1 실내공간 디자인의 개요
2.2 실내공간 디자인의 프로세스
2.3 실내공간의 수평적 요소
2.4 실내공간의 수직적 요소
2.5 실내공간의 가구
2.6 실내공간 디자인에 개성을 더해주는 물품 : 액세서리

2. 1 실내공간 디자인의 개요

실내공간 디자인이란 인간이 거주하는 실내공간을 그들의 생활목적에 맞도록 기능적인 해결뿐만 아니라 개개인의 기쁨이나 희망 또는 가족들의 기억 및 바램 등을 공간에 표현해주고 창조해내는 종합적인 디자인 활동을 말한다. 특히 주거공간을 대상으로 실내공간 디자인을 하는 경우 이는 각각의 주거공간에서 일어나는 인간의 생활이 매우 다양하므로 실내공간에 대한 그들의 욕구와 희망사항뿐만 아니라 한 가정 내에서도 가족수의 증감이나 생활주기, 생활양식 등이 끊임없이 변화하기 때문에 보다 면밀히 조사하고 분석해야 한다. 공간디자인에 있어서 영국의 대정치가 처칠(Winston Churchill) 경은 "인간은 공간을 디자인하고, 공간은 인간을 디자인 한다"고 하였다. 이는 물이 그릇의 형태에 따라 모양 지어지듯이 실내공간 역시 인간생활에 미치는 중요성을 역설하고 있다. 따라서 주택의 실내공간 디자인에서는 가족의 생활주기에 따라 기능적, 정서적 조건 모두를 만족시킬 수 있도록 융통성 있는 디자인이 되어야 할 것이다.

1. 실내공간 디자인의 요소

실내공간을 디자인한다는 것은 이미 주어진 건축공간을 대상으로 하는 것이 대부분을 차지하고 있다. 그러므로 실내공간 디자인을 결정해 주는 주요요소로는 다음과 같이 분류해 볼 수 있다.

① 실내공간의 기본요소(구성요소) : 바닥, 벽, 천장, 개구부 등이 있다.
② 공간의 분위기를 좌우하는 요소(분위기요소) : 마감재, 조명, 색채, 가구, 액세서리 등이 여기에 속한다.

그림 1 실내공간 디자인의 기본요소

그림 2 실내공간 디자인의 분위기 요소

그림 3 실내 분위기 요소들의 다양한 조합에 따른 다양한 실내공간 디자인

2. 실내공간 디자인의 영역

실내공간 디자인의 영역은 건축의 영역만큼이나 그 범위가 광범위하다. 그 영역을 크게 나누어보면

① 단독주택, 공동주택, 별장 등 인간의 생활에 가장 기본이 되는 주택공간

② 미용실, 패션숍, 커피숍 등 거래의 상행위 장소인 상업공간

③ 은행, 관공서, 회사 등의 업무에 대한 능률을 높이는 것을 목적으로 하는 사무공간

④ 쇼룸, 박람회장, 박물관 등의 보여지는 공간을 목적으로 한 전시공간

⑤ 무대디자인, 학교, 도서관 등의 특수공간

그림 4 주거공간

그림 5 상업공간

그림 6 사무공간

그림 7 전시공간

이처럼 실내공간 디자인은 인간이 거처할 수 있는 모든 공간을 대상으로 하고 있다. 그러나 본 교재에서는 주택의 실내공간에 대해서 중점적으로 다루고자 한다. 이는 실내공간 디자인의 광범위한 영역 중에서도 가장 기본이 되며, 또한 다른 영역의 실내공간 디자인을 해결하는데 있어서 기초적인 훈련이 될 수 있기 때문이다.

3. 실내공간 디자인의 목표

바람직한 주거공간이란 어떠한 공간이며 주거의 실내공간을 성공적으로 디자인하기 위해서는 어떠한 목표들이 달성되어야 하는지에 대해서 생각해 보자. 주거의 실내공간 디자인에서 추구하는 궁극적인 디자인 목표로는 효율성, 경제성, 심미성, 그리고 개성 등이 있다. 즉 '네 가지 목표가 어느 정도 달성되었는가' 는 곧 주거공간의 실내공간 디자인을 평가하는 척도가 될 것이다.

1) 효율성

실내공간 디자인의 중요한 목적은 먼저 효율성 추구에 있다. 의자는 앉기 위해 사용하는 것처럼, 주거공간은 인간의 생활에 필요한 다양한 욕구를 충족시키기 위해 존재한다. 따라서 실내공간은 거주자들의 생활목적에 따라 활동별 또는 용도별로 구역화하고, 각 공간별로 목적에 맞는 기능을 수행할 수 있도록 계획되어야 한다.

그리고 아무리 독창적이고 아름다운 공간일지라도 활동하기에 불편하거나 쉽게 피로가 느껴진다면 그 공간의 가치는 저하된다. 그러므로 각 실내공간과 가구는 인체공학을 기초로 하여 거주자들이 생활하기에 알맞은 치수가 정해지고 배치되어야 한다.

2) 경제성

실내공간 디자인은 경제성이 우선적으로 고려되어야 한다. 실내공간 디자인을 하기 위해서는 경제적 지출이 있게 마련이지만 최소한의 경비를 투입하여 거주자가 최대로 만족할 수 있도록 해야 한다. 즉 경제성에는 인적 자원과 물적 자원이 있다. 따라서 경제적인 실내공간 디자인을 위해서는 인적 자원의 경우, 공간 사용과 유지관리에 있어서 에너지와 시간을 최소화할 수 있도록 계획해야 하며, 물적 자원으로는 기존의 시설을 재활용하거나 공간을 최대로 활용하여 비용을 절감할 수 있도록 해야 한다.

3) 심미성

주거공간의 실내공간 디자인은 기능성을 고려한 아름다움이 요구된다. 아름답다는 기준은 시대적, 문화적 배경에 따라 변하며 또한 각 개인의 미의식에 따라서도 많은 차이가 있다. 그러나 일반적으로 사람들은 아름다운 것을 보면 즐거워하며, 아름다움에 대한 욕구는 예나 지금이나 변함없이 지속적이다.

따라서 주거공간의 실내공간 디자인은 무엇보다도 그 공간에서 생활하는 거주자의 다양한 요구와 기호를 중심으로 거주자가 미적인 만족감을 얻을 수 있도록 계획해야 하며, 또한 생리적, 심리적 욕구 및 공간의 용도도 함께 고려하여 쾌적함과 편안함을 제공받을 수 있도록 한다.

4) 개성

주거의 실내공간은 거주자 자신들만이 가지고 있는 개성이 표현되어야 한다. 생활하고 있는 실내공간에 거주자들의 개성이 표현되어 있지 않다면 그 공간은 지루하고 매력이 없어 보일 것이다. 특히 남의 것을 분별없이 모방하거나 유행만을 따른 공간은 겉으로는 아름다워 보일지 모르지만 실제 사용자인 거주자를 위한 개성 있는 공간은 될 수 없다. 그렇다고 너무 독창성이 강조된 특이한 디자인도 바람직하다고 볼 수는 없다.

따라서 주거의 실내공간에 있어서 개성표현은 거주자의 생활양식, 가치관, 기호, 취미, 욕구 등을 이해함으로써 비로소 가능하다.

2. 2 실내공간 디자인의 프로세스

실내공간 디자인은 아무것도 없는 무의 상황에서 갑자기 디자이너의 머릿속에서 발상되는 아이디어적인 전개이기보다는 인간과 공간과의 보다 친밀한 커뮤니케이션에 의해 전개된다. 그러므로 실내공간 디자인 방법을 익히고 싶다면 그 디자인이 진행되는 전체적인 흐름을 이해해야 할 것이다. 이러한 흐름을 각 단계별로 살펴보면, ① 과학적인 방법으로 조사하고 분석하는 단계. ② 분석된 자료를 디자인적으로 해결하는 단계. ③ 실제적인 실내공간을 실현시키는 단계. ④ 실제 디자인을 검증하는 사용단계. ⑤ 최종 평가단계로 이루어져 있다. 그러나 본 교재에서는 실내공간 디자인 과정 중에서 가장 기본이 되면서 매우 중요한 단계인 조사분석 단계와 디자인 단계에 대해서 살펴보고자 한다.

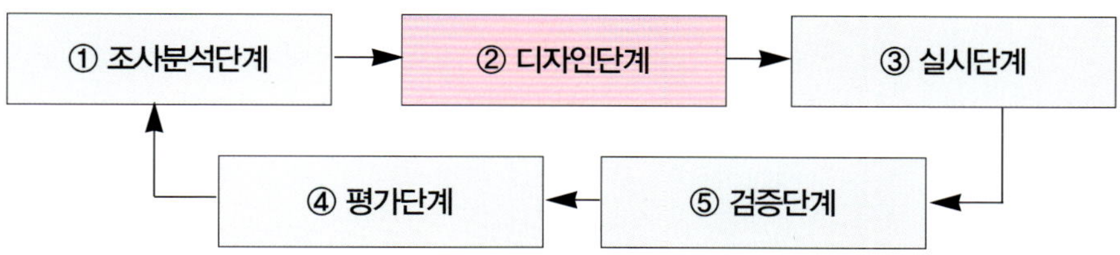

그림 1 실내공간 디자인의 프로세스

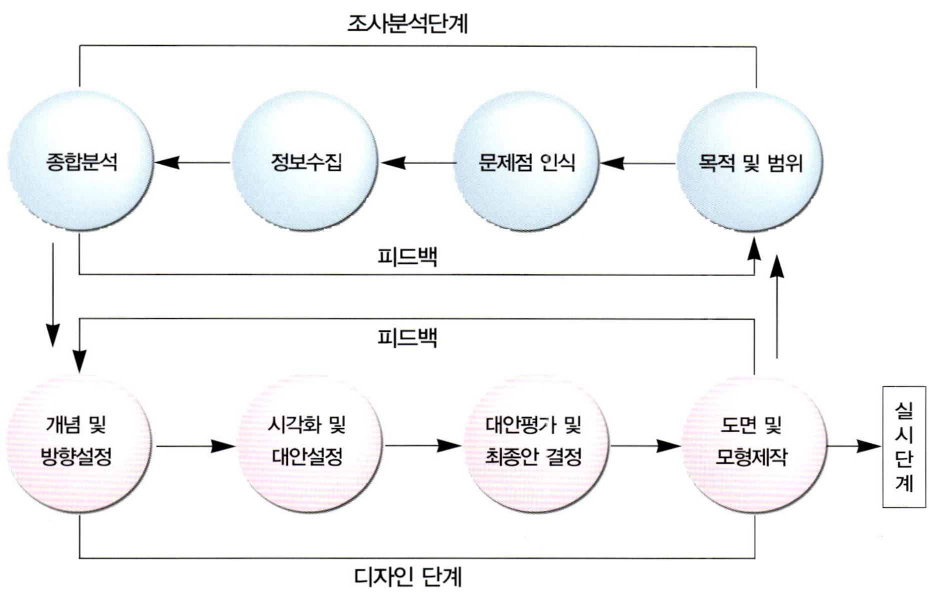

그림 2 조사분석단계와 디자인단계의 세부 프로세스

1. 조사분석단계

이는 디자인을 시작하기 이전에 일련의 준비단계로서, 기존 주거공간을 대상으로 그와 관련된 모든 상황을 조사하고 분석하는 단계이다. 조사분석단계를 세부적으로 나누어 보면, 디자인의 목적과 범위 결정, 문제점 파악, 정보수집, 종합분석 등이 있다.

1) 목적 및 범위설정

실내공간 디자인을 할 때 가장 먼저 디자인의 목적이 무엇인지를 파악하고, 그에 따른 작업의 범위를 설정하게 된다. 실내공간 디자인의 범위로는 크게 신축에서부터 부분적인 증축 또는 개조를 하거나 가구 및 벽지, 커튼 등의 마감재 교체 등이 있다.

2) 문제점 인식

일단 디자인의 목적과 범위가 결정되었으면 그에 따른 문제점을 세부적으로 파악해야 한다. 문제점 파악의 경우, 부분적인 파악은 부분적 해결을 가져오지만 전반적으로 상세한 파악은 보다 훌륭한 디자인으로 접근할 수 있게 된다. 그러므로 이 단계는 실내공간 디자인 과정 중에서 가장 기본적인 바탕이 되므로 매우 중요한 단계라고 할 수 있다. 문제점 파악 방법으로는 가족들의 면담과 설문지법 등이 있다. 파악해야 할 내용으로는 거주인, 주생활양식, 위치 및 방위, 공간적인 문제, 정서적인 문제, 경제적인 문제 등이 있다.

3) 정보의 수집

이 단계는 문제점 해결에 필요한 대안을 찾기 위하여 자료 및 정보를 수집하는 단계이다. 수집방법으로는 서적(각론이나 법규), 재료상이나 건축자재백화점 방문(샘플 및 카탈로그 수집), 인터넷이나 실내 관련 잡지, 친구집이나 이웃집을 방문하는 등 매우 다양하게 있다. 특히 재료에 대한 조사는 실물의 크기나 색채, 질감 등을 직접 확인해야 하며, 현재의 시장상황을 기록해 두는 것도 준비과정으로서 매우 중요하다.

4) 종합분석

이 단계는 수집된 자료들이 문제점 해결에 필요한 자료인지를 종합적으로 분석하는 단계를 말한다. 지금까지 수집된 자료들을 디자인에 전부 반영시킬 수는 없기 때문이다. 그러므로 수집된 자료들을 신중하게 분석하여 그들 중에서 연관이 적은 자료들은 제외시키고, 디자인 단계에서 참고가 되거나 직접적인 자료로 될 내용들은 스크랩하여 유용한 자료집으로 만들어둔다. 그리고 정보수집이 미흡하다고 판단될 경우에는 피드-백이 이루어져야 한다.

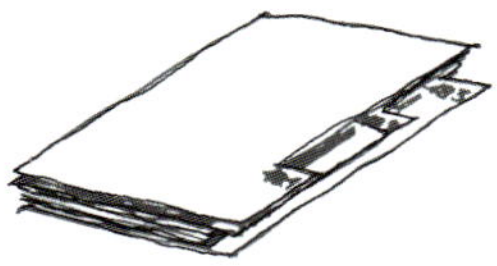

2. 디자인단계

이 단계는 종합분석의 결과를 토대로 대상 주거공간에 대한 문제해결(디자인)을 시각화하는 단계이며, 또한 거주자들과 커뮤니케이션이 이루어지기도 하는 단계이다. 이 단계에서 거주자들은 완성될 공간을 예측하기도 하고, 완성될 공간에 대한 의견을 제시하기도 한다. 그리고 디자이너는 거주자들이 제시한 의견의 적합성 여부에 따라 디자인안이 수정 또는 변경되기도 하면서 최종의 디자인을 하게 된다.

1) 디자인 개념 및 방향설정

이 과정은 디자인을 하기 위한 아이디어가 발상되는 단계로서, 세부적인 전개에 앞서 전체에 대한 이미지를 설정하는 단계이다. 이는 앞선 단계에서 거주자들의 주생활양식에 대한 조사 결과인 공간선호 '스타일'에서 출발하게 된다. 예를 들어 심플하고 차분한 공간을 원하는지, 장식이 많고 화려한 공간을 원하는지, 자연적인 소재를 사용한 점잖은 공간을 원하는지, 격식있고 포멀한 공간을 원하는지 등이다. 따라서 이 단계는 거주자들이 원하는 공간 스타일을 고려하여 전체 공간에 대한 이미지의 방향을 설정하게 된다. 그리고 각 실에 있어서 거실이나 식당 등의 공동공간은 가족 전체의 의견을 고려해야 하지만 개인공간은 실의 사용자 의견을 고려하게 된다.

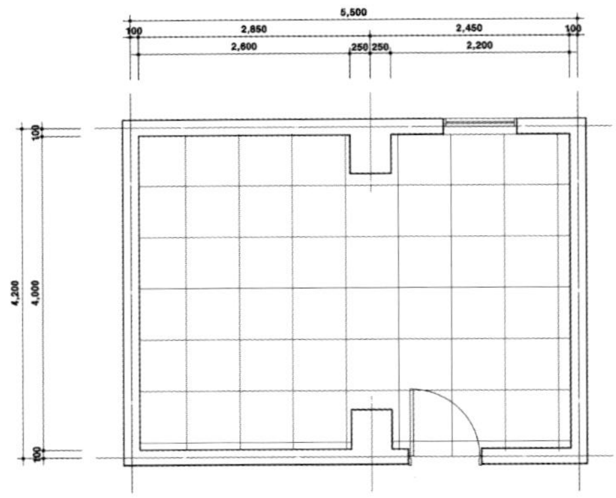

그림 3 실측도

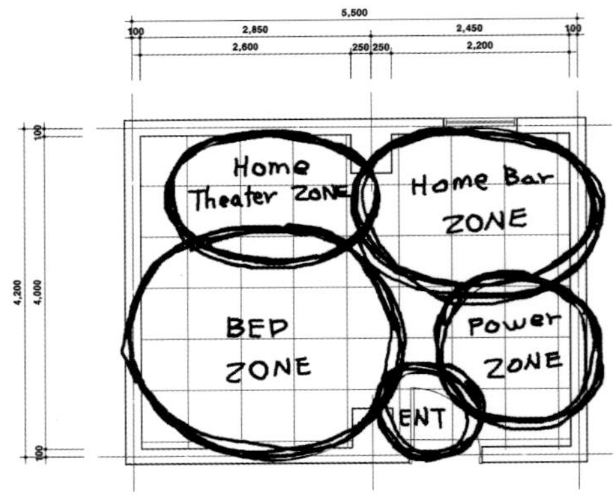

그림 4 버블다이어그램

2) 아이디어의 시각화 및 대안 설정

이 과정은 앞선 단계에서 설정된 디자인의 방향을 시각적으로 표현해서 문제점에 관한 대안을 설정해 보는 단계이다. 아이디어를 시각화하는 방법에는 일정한 형식이 있는 것은 아니다. 그러나 대체적으로 버블 다이어그램을 이용하거나 프리핸드로 스케치하게 되는데, 이를 아이디어 스케치라고도 한다. 아이디어 스케치는 대체로 모눈종이나 계획지 혹은 트레싱지 위에 연필, 사인펜 등의 필기구를 사용하여 자유롭게 표현한 것이다.

이것의 장점은 표현이 자유로우면서 피드백이 가능하다는 점과 시간이 많이 걸리지 않는다는 점이다. 따라서 이 과정에서는 아이디어 스케치로 여러 가지의 대안을 세워서 그 중에서 가능성이 가장 높은 2~3개의 안을 선택한 후, 정확한 표현을 위해 세부적인 스케치로 정리하게 되는 것이다.

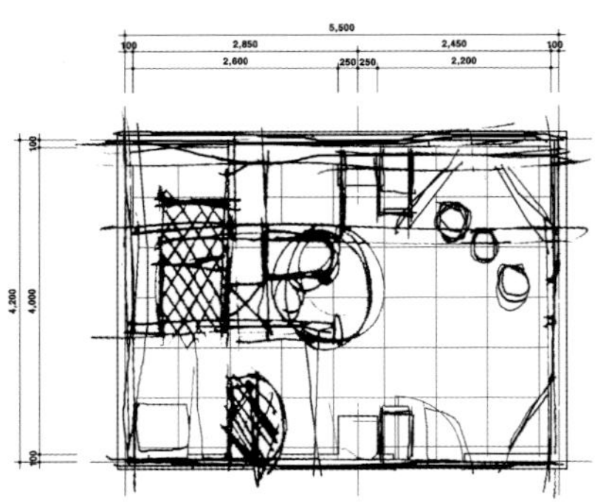

그림 5 평면계획안

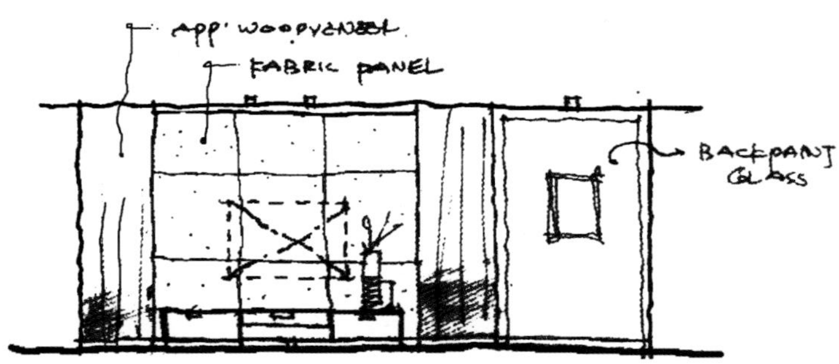

그림 6 입면계획안

3) 대안의 평가 및 최종안 결정

일부 디자이너들은 가끔 최종안을 선택하는데 어려움을 느낀다. 문제점에 대한 해결책은 단 하나의 정답만 있는 것도 아니며, 선택된 대안들은 각각 나름대로의 특징과 장점을 갖고 있기 때문이다. 그러나 대상 주택의 실내는 단 하나이므로 디자이너들은 여러 대안들을 다양한 각도로 평가하여 최적의 안을 선정하게 된다. 대안 평가의 주안점은 첫째, 설정된 디자인의 개념 및 방향은 거주자의 요구사항을 얼마나 충실히 반영하였는가. 둘째, 주거공간의 문제점 해결에 대한 디자인의 적합성과 유용성 등에 관한 점. 셋째, 경제적인 디자인인가? 그리고 완공 후 유지관리에도 효율적인가 하는 점이다. 이러한 주안점에 따라 항목별로 점수를 주어 가장 높은 점수를 받은 것으로 최종안을 결정하기도 한다. 따라서 최종안이 선택되면 다시 프레젠테이션을 통해 객관적 평가를 거치지 되는데 최종안에 대한 만족도가 높으면 실시설계에 들어가게 되지만 만족도가 낮다면 피드-백이 이루어지게 된다.

"A" Type

"B" Type

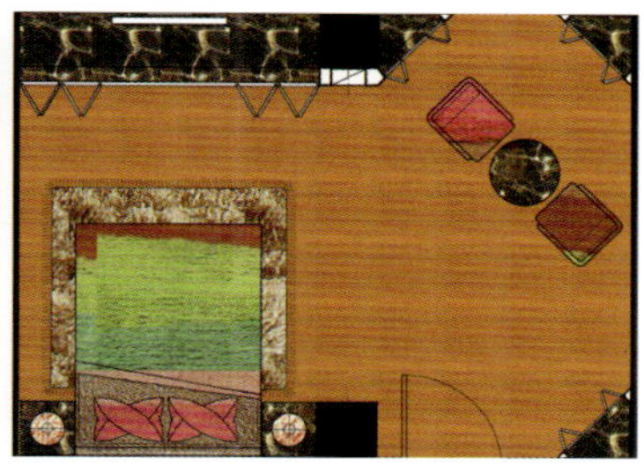

"C" Type

그림 7 대안 평가 및 최종안 결정

4) 프레젠테이션

프레젠테이션이란 선택된 최종안이 완성되었다고 가정했을 때 '최종안이 과연 거주자들의 생활을 최대로 만족시킨 공간으로 창출되었는가?' 를 각 분야의 전문가 또는 거주자들이 직접 보고 객관적으로 판단할 수 있도록 설명하는 것을 말한다. 이를 위한 준비로는 거주자들이 완성될 공간을 예측할 수 있도록 2차원 및 3차원의 구체적인 표현이 필요하다. 즉 2차원적인 표현으로는 평면도, 입면도, 천장도, 재료와 색채 등을 나타내는 샘플 보드가 있으며, 3차원적 표현으로는 투시도와 모형 등이 있다.

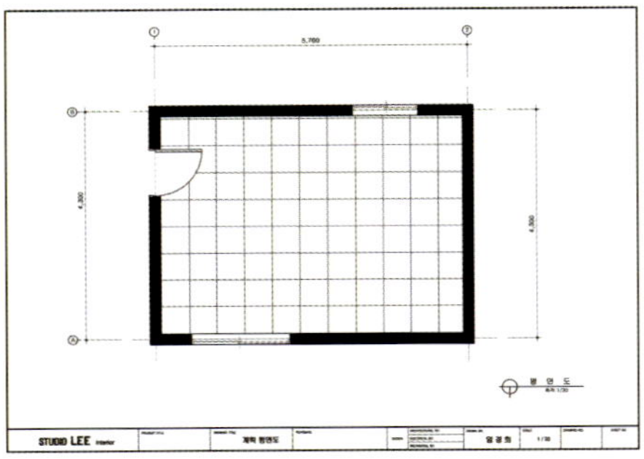

그림 8 계획을 위한 기초도

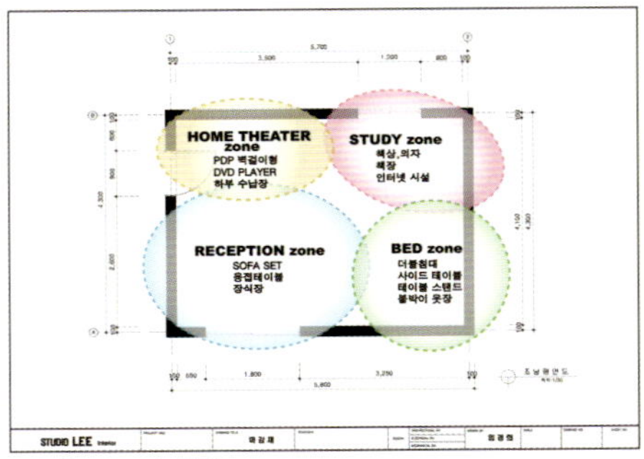

그림 9 조닝계획

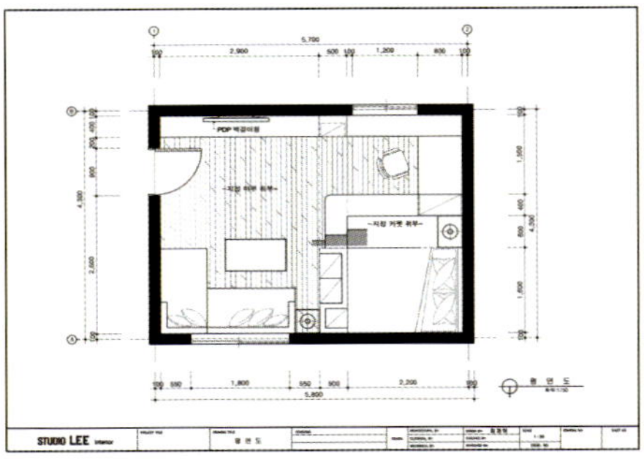

그림 10 평면도

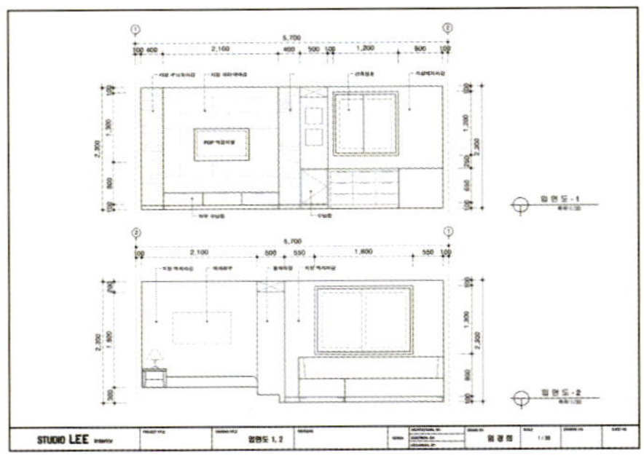

그림 11 입면도

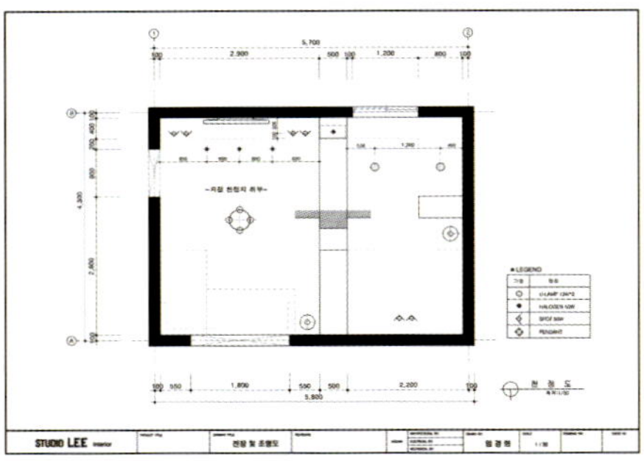

그림 12 천장 및 조명도

그림 13 마감재 패널

그림 14 투시도

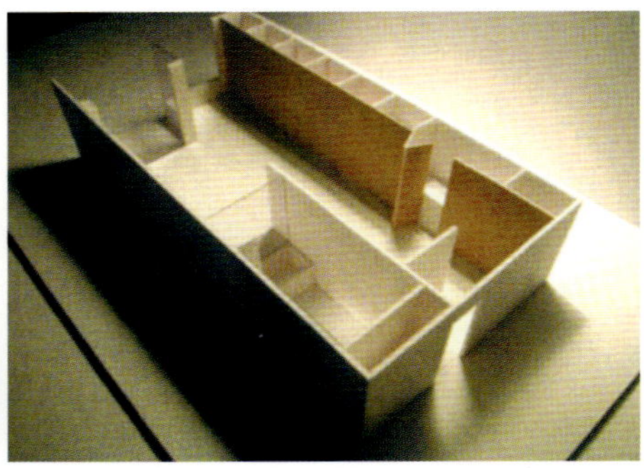

그림 15 모형

2. 3 실내공간의 수평적 요소

그림 1 실내공간의 구성요소

실내공간을 구성하고 있는 요소로는 내부공간을 한정 · 구획하는 바닥, 벽, 천장과 그 공간에서 움직임을 가능하게 하는 개구부로 구성되어 있다. 실내공간은 공간을 구성하는 요소들의 조합에 따라 매우 다양하게 변화할 수 있으며, 그 위치와 수에 따라 무한공간에서 다차원의 한정공간까지 매우 다양하게 표현할 수 있다. 그러나 이들 요소들의 한정되는 정도에 따라 인간의 심리에 많은 영향을 주므로 실내공간은 매우 신중하게 계획되어져야 한다. 따라서 실내공간 디자인을 하기 위해서는 가장 먼저 이러한 실내공간의 구성요소들에 대한 올바른 이해가 반드시 요구되므로 본 교재에서는 보다 자세한 분석을 위해 수직적 요소와 수평적 요소로 나누어 서술하고자 한다.

1. 바닥

바닥은 실내공간을 형성하는 기본요소로서 특수한 경우를 제외하면 대부분이 수평면을 이루고 있다. 이는 차갑고 습기가 많은 대지로부터 분리시켜 주며, 인간을 포함하여 공간에 부수되는 벽, 가구류 등을 지지해 주는 역할을 한다. 그리고 바닥은 공간을 형성하는 구성요소들 중에서 접촉빈도가 가장 높은 요소이다.

1) 요구되는 성능

① 구조적인 강인성
② 내마모성, 내구성, 내오염성
③ 안전성과 보행성
④ 흡음성과 차단성(내화, 방화, 내열, 방수, 차음)
⑤ 시각성과 촉감

2) 바닥의 마감재료

주거공간에서의 바닥은 신을 벗고 생활하는 우리나라의 경우 신체와 직접적인 접촉이 있는 요소이다. 그러므로 마감재를 선택할 때에는 실내공간의 사용목적과 예산, 그리고 원하는 분위기뿐만 아니라 촉감 등을 고려하여야 한다. 바닥의 마감재로는 여러 가지 용도를 가진 다양한 종류들이 생산되고 있으며 대표적인 바닥재의 종류는 다음과 같다.

(1) 목재

목재는 습도조절뿐만 아니라 공기를 정화해주며, 단열 · 보온성이 좋아서 바닥재로 많이 사용되는 우수한 재료이다. 또한 목재는 촉감이 좋고 무늬와 색이 아름다우면서도 차분하므로 실내를 구성하고 있는 모든 유형의 장식물과도 매우 잘 어울리는 재료이기도 하다. 목재바닥의 종류로는 쪽마루 타입의 플로어링 보드와 타일 타입의 파켓(parquet) 등이 있다.

① 플로어링 보드

플로어링 보드에는 원목의 판재 또는 합판이나 집성재 위에 무늬목 붙인 것 등이 있으나, 우리나라 주거공간에서는 대부분이 집성재 위에 무늬목 붙인 것을 사용하고 있다. 이는 원목보다 값이 싸고 어떤 형태의 무늬든지 생산 가능하며 또한 열전도 기능을 가진 온돌용 마루재로 개발되어 나오기 때문이다. 플로어링 보드의 두께로는 6.5mm에서 26mm까지 있으며, 길이와 너비는 매우 다양하게 생산되고 있다. 수종으로는 졸참나무, 너도밤나무, 아피톤재 등이 있다.

② 모자이크 파켓

파켓이란 바탕나무 위에 작고 고운 나무 조각들로 패턴을 만든 마감재로서, 단순목재로 바닥을 마감했을 때와는 다른 분위기로 연출할 수 있는 장점이 있다. 이는 전통적으로 서양에서 많이 쓰여졌던 바닥처리 기법이다. 수종으로는 흑감나무, 자단, 흑단, 밤나무 등 검은 계통과 벚나무, 느티나무, 참나무, 티크, 마호가니, 나왕 등 갈색계통이 있다.

그림 2 목재의 종류

그림 3 원목의 판재

그림 4 집성재 위 무늬목

그림 5 모자이크 파켓

그림 6 목재의 다양한 시공

(2) 석재

석재는 예로부터 건축의 실내 · 외 모두 사용되고 있었으며, 최근에는 얇은 판으로 가공하여 주택의 실내공간에도 시공되고 있다. 석재는 종류에 따라 패턴과 색이 다양하게 있으며 또한 다양한 형태로 가공할 수도 있고, 불이나 부식에도 강한 특성이 있다. 석재의 표면처리 방법에는 거칠게 처리한 것과 기계로 매끈하게 처리한 것이 있는데, 거친 것을 사용하게 되면 소박한 자연미를 느끼는 반면 매끈한 것은 화려한 느낌을 주게 된다.

일반적으로 주거공간에서는 매끈하게 다듬어진 석재를 많이 사용하고 있는 실정이다. 실내 바닥재로는 대리석, 화강석이 주로 많이 사용되고, 그 밖에도 사암, 응회암, 점판암 등이 있다.

그림 7 석재의 다양한 종류

그림 8 석재 바닥

(3) 점토

점토제품에는 내화성, 내구성이 있으며 대량생산과 장식성이 뛰어나므로 건축의 외부뿐만 아니라 내부 마감재로도 많이 사용되고 있다. 바닥에 사용되고 있는 점토의 종류로는 벽돌, 타일 등이 있다.

① 벽돌

벽돌은 토기질로서 석재에 비해 표면이 매끄럽지는 않지만 자연스러움을 주며 시공에 따라 다양한 문양을 나타낼 수도 있다. 벽돌의 크기는 일반적으로 190×90×57(mm)로 모듈화되어 있으며, 그 종류로는 보통벽돌, 과열벽돌, 이형벽돌, 경량벽돌, 내화벽돌 등이 있다. 이는 주거공간에서 신발을 신는 장소인 현관, 포치, 테라스 등에 사용되기도 한다.

② 타일

타일은 유지, 관리가 쉽고 청소가 용이한 장점 때문에 예전에는 화장실이나 부엌 등 일부에서만 사용되었다.

그러나 오늘날의 타일은 색상과 문양, 크기, 기능 등이 매우 다양하게 생산되고 있으므로 주거공간의 모든 장소에서 사용이 가능해졌다. 바닥재로서의 제품 선택 시에는 반드시 바닥 전용 타일을 선택하여야 한다.

그림 9 점토재 마감의 바닥

(4) 합성수지

합성수지는 바닥재로 많이 사용되고 있는 가장 일반적인 재료로서, 비교적 단단한 재질에서 매우 부드러운 재질까지 다양하게 있다. 특성으로는 탄력성과 내구성이 좋고, 유지관리가 편리하며, 매우 경제적인 재료이다.

형태로는 타일형에서 두루마리(sheet)형에 이르기까지 다양하게 생산되고 있다.

그러므로 사용되는 공간의 특성과 목적에 따라 선택의 폭이 넓다. 그러나 심한 충격에는 흠집이 잘 생기는 단점도 있다. 합성수지 종류로는 아스팔트 타일, 고무 타일, 비닐, 아스베스트 타일, 비닐 코르크 타일, 비닐시트 등이 있다.

(5) 카펫

카펫은 라틴어의 '털을 빗질하다' 라는 뜻을 가진 'carpica' 에서 유래되었다. 카펫의 특성으로는 촉감이 부드럽고 따뜻하며 탄력성이 좋고, 흡음성, 보온성, 단열효과가 크다. 또한 이는 바닥마감재로 많이 쓰이는 재료 중의 하나로서, 실내분위기를 고급스럽게 연출해 주는 중요한 디자인 요소의 하나이다. 따라서 우리는 카펫을 선택할 때 시각적인 특성을 우선적으로 중시해야 한다.

그림 10 카펫의 종류 및 사례

3) 바닥 디자인

바닥은 모든 방의 기초가 되기 때문에 바닥의 디자인은 물리적으로나 시각적으로 공간의 전체 디자인에 영향을 미치게 된다. 또한 바닥재는 비교적 면적이 크고, 비용이 많이 들며, 한번 시공되면 교체가 어렵기 때문에 매우 신중하게 선택되어야 한다.

(1) 재료적인 측면

① 색채면

- 따뜻하고 밝은 색 : 실내가 밝아 보이며 기분을 가볍게 한다.
- 차갑고 밝은 색 : 실내가 밝아 보이며 바닥재가 매끄럽게 느껴진다.
- 어두운 색 : 빛의 흡수로 인해 실내가 어두워 보일 수 있으나 안정감을 준다.

② 재질면

- 단단한 재질 : 소리를 반향시켜 울리는 단점이 있지만 유지관리가 용이하다.

• 탄력성 있거나 털이 있는 재질 : 소리를 감소 또는 흡수시키는 장점은 있으나 유지관리가 어렵다. 그러므로 털이 있는 재질을 사용할 경우, 전체의 공간에 사용하기 보다는 부분적으로 사용하는 것이 좋다.

③ 패턴면

• 중간색의 민무늬 : 사람이나 가구 등의 심플한 배경이 된다.
• 무늬가 있는 바닥 : 시선이 강조되며 동선을 유도한다.
• 방향성이 있는 무늬 : 어느 한 방향을 강조하므로 공간크기 조절에 활용할 수 있다.

그림 11 따뜻하고 밝은 색 바닥
그림 12 차갑고 밝은 색 바닥
그림 13 어두운 색의 바닥
그림 14 다양한 패턴의 바닥
그림 15 탄력성 있는 바닥재
그림 16 패턴에 따른 공간의 크기 변화

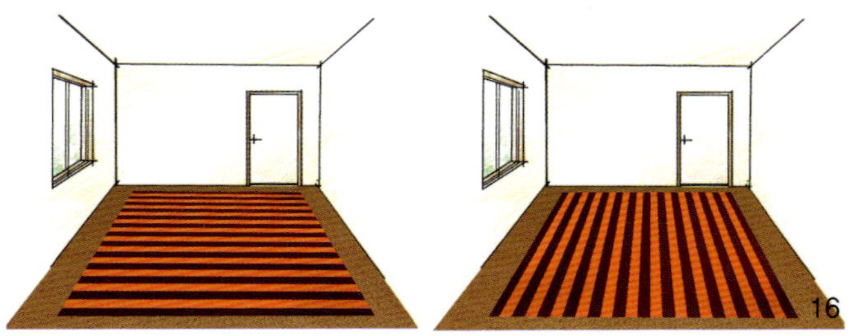

(2) 카펫을 활용한 디자인

카펫은 까는 방법에 따라 다양한 디자인을 할 수 있다. 카펫을 까는 방법에는 크게 전체깔기, 중앙깔기, 피스깔기, 겹쳐깔기 등이 있다.

① 전체깔기

전체깔기는 카펫을 바닥 전체에 까는 방법이다. 이는 방의 분위기를 안락하면서도 고급스럽게 보이도록 하거나 방에 통일감을 주고자 할 때 또는 인접해 있는 공간과 연결되어 보이고자 할 때 사용하는 방법이다. 또한 전체깔기는 카펫의 색과 문양이 차분하면 공간이 넓어 보이고 가구배치에도 제한이 없으며, 내구성, 보온성, 방음성이 우수하다.

② 중간깔기

중간깔기는 바닥의 가장자리에서 30~50cm 정도 기존의 바닥 마감재가 보이도록 남겨두고 실내 중앙에만 카펫을 까는 방법이다. 중간깔기는 기존의 바닥마감이 고급재로 되어 있거나 가장자리에 이동하기 어려운 가구가 놓여져 있을 경우에 사용하는 방법이다. 이때 카펫의 형태를 원형, 타원형 등 곡선을 사용하게 되면 실내는 더욱 부드러운 느낌을 주게 된다. 그러나 전체깔기에 비해 공간이 좁게 느껴지며 카펫에 걸려 넘어질 수 있는 단점도 있다.

③ 피스깔기

피스깔기는 필요에 따라 카펫을 부분적으로 까는 방법이다. 이는 아름다운 색과 패턴으로 각 방의 특색을 살릴 수 있으며 어떤 특정 부분에 깔아 그곳을 강조하거나 손상되기 쉬운 부분을 보호해 주는 역할을 한다. 피스의 크기에는 아주 큰 것에서 현관이나 욕실 앞에 놓는 작은 것까지 매우 다양하다.

④ 겹쳐깔기

겹쳐깔기는 전체깔기를 하고 그 위에 부분깔기를 한 것으로서, 이는 화려하고 사치스러운 분위기가 연출된다.

겹쳐깔기의 경우, 전체깔기의 카펫은 무늬가 없는 것이 좋으며, 부분깔기의 카펫은 악센트를 줄 수 있는 색이나 패턴이 있는 것이 좋다. 겹쳐깔기는 벽이 없는 공간을 한정하거나 바닥이 많이 닳거나 더러운 부분을 감추고자 할 때 사용하면 좋다.

그림 17 전체깔기

그림 18 중간깔기

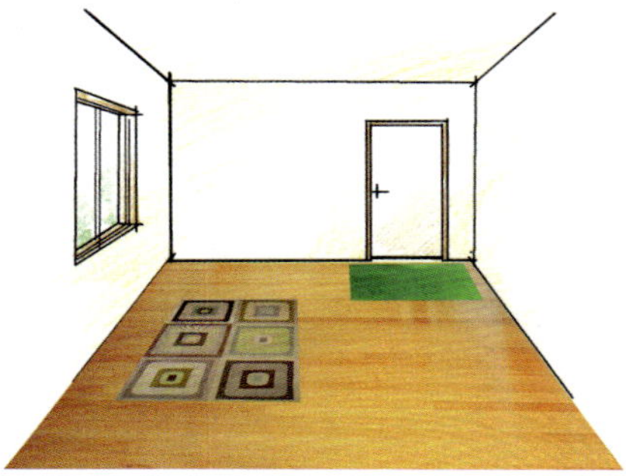

그림 19 피스깔기

그림 20 겹쳐깔기

(3) 바닥면의 높낮이 변화

① 기준보다 바닥면을 높이면 : 공간의 흐름이나 동선이 차단되며 외향적이어서 주변의 공간과는 다른 중요한 공간으로 인식된다.

② 기준보다 바닥면을 낮추면 : 공간은 분절되지만 내향적이어서 주변의 공간보다 더 아늑한 은신처로 인식된다.

③ 평평한 바닥 : 가장 일반적이며 특히 노인이나 어린이가 있는 가정에서는 단 차이를 두지 않는 것이 안전상 바람직하다. 그러나 단의 높낮이 없이 영역을 분리해야 할 경우에는 분리될 영역의 마감재(형태, 색채, 질감 등)를 다르게 디자인하거나 조명을 달리하여 시각적 구분을 명확하게 해 준다.

그림 21 단차이로 거실과 식당을 분리

그림 22 질감과 색으로 공간분리

2. 천장

천장은 위층의 바닥이나 지붕을 지지하며 실내공간의 형태와 규모를 결정하는 중요한 요소이다. 또한 천장은 소리, 빛, 열환경의 중요한 조절매체가 된다. 천장과 바닥은 크기, 모양이 대체로 비슷하지만 둘 사이의 유사점은 거의 없으며 마감재의 선택방법도 다르다. 천장 높이는 공간의 스케일에 큰 영향력을 가지고 있으나, 주거공간에서는 일반적으로 2.3m 정도이다.

1) 요구되는 성능

① 형태의 표현이 자유롭기 때문에 시각적인 성능이 요구된다.
② 열환경의 조절매체로서 보온성이 요구된다.
③ 바닥이나 벽보다 흡음성능이 크게 요구된다.
④ 슬래브와 천장면 사이에 위생설비, 파이프 등의 배관과 전기, 전등, 전열 등의 배선시설이 설치되므로 천장의 구조적 안정성과 내화성이 요구된다.
⑤ 주거공간에서 특히 목욕탕, 부엌 등 물을 많이 사용하는 공간에는 내습성이 요구된다.
⑥ 천장은 접촉빈도가 낮기 때문에 내마멸성이 크게 요구되지 않으나 내오염성은 요구된다.

2) 천장의 형태

천장의 형태는 천장을 디자인할 때 가장 먼저 고려해야 할 사항이다. 천장의 형태는 여러 가지가 있으나 그 중 대표적인 형태를 살펴보면 다음과 같다.

① 평천장

평천장은 그 천장에 대응되는 바닥과 크기가 같으며, 천장의 높이 변화가 전혀 없는 가장 일반적인 천장형태이다. 평천장은 깨끗하고 단정하며 안정된 느낌을 주므로 주거공간에서 가장 많이 사용되고 있다.

② 2중천장

2중천장이란 천장의 일정부분을 올리거나 또는 내려서 천장의 높낮이가 형성된 것을 말하며, 이는 오늘날 주택의 거실 천장에 많이 사용되고 있다. 2중천장은 넓은 공간으로 인해 지루하기 쉬운 천장에 변화를 준 것이며, 또한 조명의 배광방식을 다양하게 할 수 있다는 장점이 있다.

③ 노출천장

노출천장이란 건축의 구조를 그대로 노출시키거나 또는 기존의 천장에 단순히 장식을 위해 구조를 덧붙인 것을 말한다. 이는 시각적 흥미를 더해 주며, 구조의 형태나 방향에 따라 공간의 길이 또는 폭을 강조하게 된다.

④ 경사진 천장

경사진 천장이란 일반적인 평천장을 사선으로 변화시킨 형태로서, 이는 지붕형태에 의해서 이루어졌거나 또는 인위적으로 만든 것 모두를 포함한다. 이러한 형태는 시선을 상부로 옮기게 함으로써 공간에 활기를 주며 공간을 실제보다 더 크게 느껴지도록 하는 장점이 있다.

⑤ 기타 천장

- 코브(coved)천장 : 천장과 벽이 만나는 부분이 직각이 아닌 곡면으로서, 때로는 곡면 안에 조명기구를 설치하여 천장 또는 벽에 간접적으로 조명하기도 한다.
- 피라미드천장 : 우리의 시각을 위쪽 정점으로 유도하는 형태로서, 천장의 중심에 조명으로 밝게 비춰주거나 천창이 있다면 더욱 강조될 것이다.
- 돔 천장 : 공간을 위쪽 방향으로 확장시켜 우리의 관심을 그 중심 아래의 공간으로 집중시키게 해주는 것이다.
- 커브 천장 : 벽과 천장이 직각으로 만나는 것이 아니라 천장이 활처럼 굽은 형태를 이루고 있다. 이러한 천장은 홀과 같은 특별한 공간에서 볼 수 있으며, 특히 조명을 천장과 벽으로 비추게 하면 더욱 좋은 공간효과를 낼 수 있다.
- 자유로운 형태의 천장 : 벽면과 바닥의 평면적 특성과 대조를 이루게 하여 우리의 관심을 끌게 하는 것이다. 이는 보통 실내공간의 다른 요소들을 지배하기도 한다.

종 류	평천장	2중천장	한면 경사
개 념	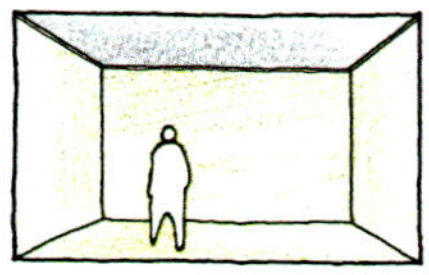	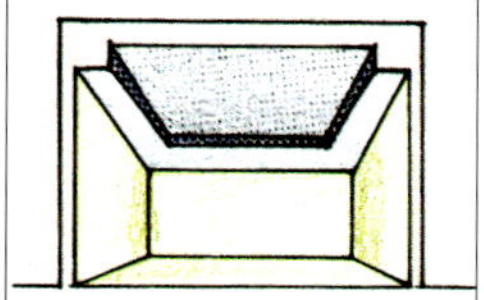	
종 류	양면 경사	코브	피라미드 천장
개 념		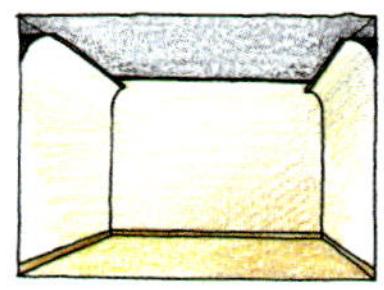	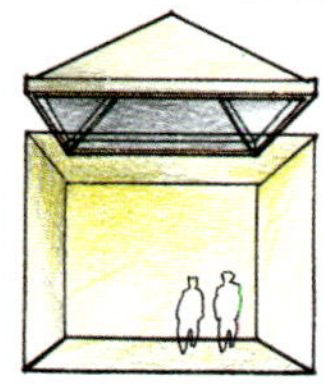
종 류	돔천장	커브천장	자유천장
개 념	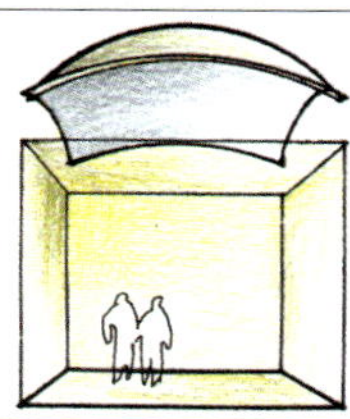		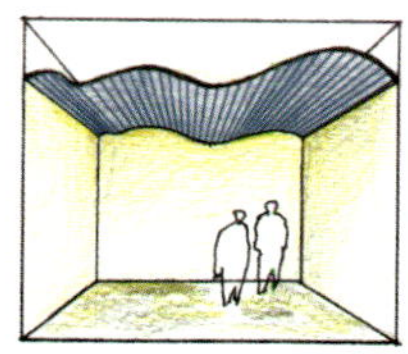

표 1 천장의 종류

3) 천장의 마감재료

천장의 마감재를 선택할 때에는 바닥재나 벽재의 선택에 비해 소홀하기가 쉽다. 그러나 천장의 경우, 마감재의 형태나 질감 등으로 인해 빛의 반사와 음향 등에 많은 영향을 끼치게 되므로 마감재를 선택할 때에는 이들에 대한 충분한 고려가 있어야 할 것이다. 천장 마감재로는 벽지, 목재, 치장보드, 회반죽, 합성수지 성형판 등이 있다.

(1) 목재류

목재의 경우, 천장재로는 바닥재와 달리 촉각적인 질감이 중요하지 않기 때문에 값이 비싼 원목보다 목재판이나 합판 등을 사용해도 무난할 것이다.

천장에 주로 사용되는 목재의 종류로는 ① 목재조각을 잘게 부수어 압착시켜 만든 파티클보드, ② 판재나 각재를 접착시켜 만든 집성목재, ③ 표면을 요철로 가공한 굵기가 작은 각목인 코펜하겐리브, ④ 탄력성, 흡음성, 단열성이 우수한 코르크판 등이 있다.

합판의 종류로는 ① 바탕재로 많이 이용되는 보통합판. ② 자연스러운 나뭇결을 가진 마무리 재합판. ③ 나왕합판에 나뭇결을 전사·인쇄한 프린트 합판. ④ 보통합판을 화장한 오버레이합판. ⑤ 도장합판 등이 있다.

(2) 치장보드

치장보드에는 크게 암면 방음판, 펄프 시멘트판, 석고 보드 등이 있다. 암면 방음판이란 현무암 등으로 만든 암면을 가공판상 재료로 사용한 것이다. 이는 단열성, 방음성이 뛰어나 사무실의 천장재로 많이 사용된다. 펄프 시멘트판은 보통판과 치장판으로 구분되며, 이는 준불연재로서 시공이 용이하지만 습기에 약하다. 석고 보드는 단열, 방음, 흡음의 기능이 있으나 습기나 물에 약하다. 이는 석고보드 이외에 천이나 종이, 비닐 등으로 마감되어 있다.

(3) 회반죽

회반죽(plaster)은 흰색 분말을 교착제에 섞어 반죽한 후 반 액체상태로 바르는 마감재이다. 그러므로 이는 흰색계열로 마무리되며 모든 이음새나 흠집, 오염을 가려주므로 통일된 마감효과를 얻을 수 있다. 그리고 회반죽은 마감이 된 후에도 질감처리, 착색, 페인트 등으로 변화를 다양하게 줄 수도 있으며, 또한 벽지나 천 등으로 재마감도 가능하다.

(4) 합성수지 성형판

합성수지 성형판에는 염화비닐계, 아크릴수지계 등이 있으며, 표면에는 꽃무늬, 타일무늬, 나뭇결무늬 등의 패턴으로 장식되어 있다. 이는 방수, 방습성이 우수하므로 욕실의 천장마감재로 많이 사용한다.

그림 23 목재 천장

그림 24 회반죽 천장

4) 천장의 디자인 기법

천장은 실내공간 구성요소 중 접촉빈도가 가장 낮으며, 바닥과 달리 하중이 걸리지 않기 때문에 다양한 형태나 색상, 질감 처리가 가능하므로 공간을 풍부하게 표현할 수 있다.

① 천장의 색은 실내분위기에 많은 영향을 준다. 즉 흰색 내지 연한 색의 천장이면 빛의 반사가 가장 높아 공간이 밝아 보이며, 노란색의 천장이면 노랑, 주황, 연두 등의 색은 선명하게 보이지만 청색이나 보라색은 우중충하게 보일 것이다. 또한 강한 색으로 천장을 처리하면 천장이 매우 두드러져 보일 것이다.

② 천장의 높이는 거주자의 심리에 영향을 준다. 높은 천장은 개방감, 확대감, 품위있는 분위기에 효과적이며, 반면 낮은 천장은 아늑하고 친근하며 편안한 분위기에 효과적이다.

③ 천장이 너무 높게 느껴질 경우에는 천장지를 벽면 상단부까지 내려오도록 마감하거나, 벽면 상단부에 반자돌림으로 보완하면 된다.

④ 천장의 형태를 요철 또는 경사지게 처리하면 공간이 활기있어 보이며 확장감과 상승감을 갖는다.

⑤ 다락방이 경사진 천장인 경우에는 천장에 천창을 내어 공간감을 주고, 천장의 낮은 부분에는 붙박이 수납장을 만들어 주게 되면 공간 활용의 극대화를 할 수 있다.

⑥ 동일한 크기로 바닥과 천장에 높낮이 표현을 해주게 되면 공간의 영역을 보다 확연히 규정하게 되며, 인접공간과 분리시키는 효과가 있다.

그림 25 밝은 색의 천장

그림 26 이중 천장

2. 4 실내공간의 수직적 요소

실내공간의 수직적 요소로는 벽과 문, 창이 있다. 그러나 벽과 문, 창은 상호 보완적인 역할을 한다. 벽이 외부와 내부를 차단하는 역할을 하는데 비해 문과 창은 반대로 내 · 외부의 상호관입을 유도한다. 또한 문과 창은 벽에 부속되어 있다. 그러므로 벽과 문, 창은 공간의 구성요소 중에서 규모가 가장 큰 요소로서 전체 디자인의 배경이 되기도 하며, 그 자체가 디자인되기도 한다.

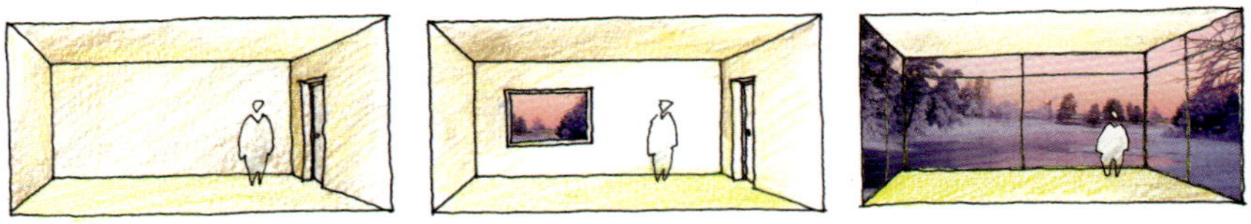

그림 1 벽과 개구부의 관계

1. 벽

실내공간에서 벽이란 천장과 바닥을 잇는 수직면으로서 공간을 차단하는 가장 기본적인 요소이다. 지붕이 주로 자연에 대한 차단을 위한 것이라면, 벽은 그것과 동시에 타인의 침입과 시선, 소음, 열의 이동 등을 차단하는 것이다. 인간은 대체적으로 수평방향으로 이동하며, 이에 따라 시선의 방향도 눈의 높이를 기준으로 이동한다. 따라서 벽은 공간의 구성요소 중 가장 먼저 지각되므로 공간의 초점적 요소가 되기도 한다. 그러므로 벽은 실내를 구성하는 가구나 그림, 장식물 등이 놓이는 배경이 되기도 하며, 벽 자체가 디자인이 되기도 한다. 따라서 디자인의 효과 측면에서 벽은 실내공간의 성격이나 분위기를 형성하는데 가장 큰 영향을 미치는 부분이라 할 수 있다.

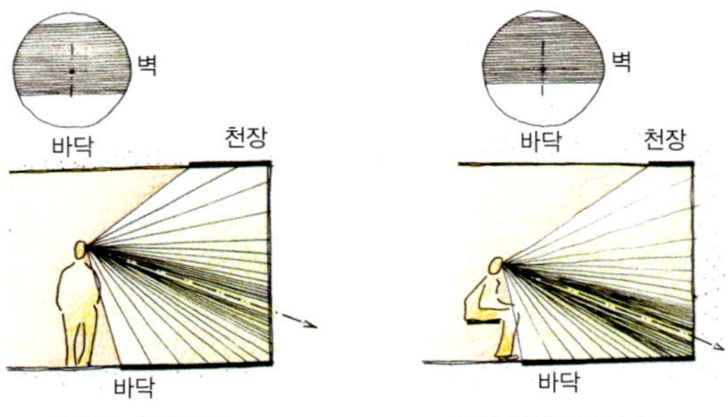

그림 2 사람 위치에 따른 시야의 변화

1) 요구되는 성능

① 벽은 위층 바닥 또는 천장을 지지해야 하므로 구조적인 견고성이 요구된다.
② 벽은 열, 소리, 일광, 비, 바람 등 외부로부터의 물리적 충격에 견딜 수 있도록 내구성, 내파괴성, 내수성, 내후성, 단열성, 차음성 등이 요구된다.
③ 프라이버시 확보를 위해서는 불투명한 재료가 요구된다.
④ 가구나 장식물의 배경으로서 장식성 또는 시각성이 요구된다.
⑤ 손이 가장 많이 닿는 곳에 위치하므로 감촉성, 내오염성과 더불어 유지관리의 용이성이 요구된다.

2) 벽의 마감재

벽은 사람의 시선이 가장 많이 머물며 장식의 초점이 되기도 하므로 마감재를 선택할 때에는 매우 신중하게 해야 한다. 벽의 마감재로는 벽지, 목재, 석재, 타일, 벽돌, 콘크리트, 유리, 합성수지 등이 있다. 이 장에서는 재료 중에서도 바닥재, 천장재와 중복되지 않는 재료만을 설명하고자 한다.

(1) 목재

목재는 천연재료로서 시각적, 촉각적으로 인간에게 가장 친근감을 주며 방음효과도 있다. 벽에 사용되는 목재의 종류로는 판재, 무늬목, 코르크판 등이 있다.

① 판재(원목)

판재란 제재목으로서 두께는 6mm 이하이고, 너비는 두께의 3배 이상으로 켜낸 널판지를 말한다.

② 무늬목

무늬목은 원목을 두께 1mm 내외로 얇게 벗겨낸 나무로서, 이는 벽지처럼 벽에 붙이거나 합판이나 집성재 등의 표면에 치장재로 쓰인다.

③ 코르크판

이는 코르크 나무 껍질의 탄력성 있는 부분을 원료로 하여 그 분말을 가열, 가압하여 만든 것이다.

그림 3 현대적 이미지의 목재

그림 4 클래식한 이미지의 목재

(2) 점토

점토의 종류로는 벽돌, 타일 등이 있다.

① 벽돌

벽돌은 토기질로서 자연스러움을 주며, 시공방법에 따라 영식쌓기, 불식쌓기 등의 다양한 문양으로 나타낼 수도 있다. 벽돌의 크기는 일반적으로 190×90×57(mm)로 모듈화되어 있으며, 그 종류로는 보통벽돌, 과열벽돌, 이형벽돌, 경량벽돌, 내화벽돌 등이 있다.

② 타일

타일은 형태와 크기, 색상, 패턴, 질감 등이 다양하게 생산되고 있으므로 그 선택과 사용의 범위가 매우 넓다. 즉 벽이 단조롭다면 타일의 크기나 색상, 패턴 등으로 변화를 주거나, 띠 타일이나 포인트 타일로 공간에 악센트를 주면 된다. 벽타일의 종류로는 유약으로 처리된 세라믹 타일과 크기가 작은 모자이크 타일, 진흙으로 만든 테라코타 등이 있다.

그림 5 위생공간에 마감한 타일

그림 6 모자이크타일 마감

그림 7 벽돌 위 도료를 마감한 벽면

(3) 도료

도료는 목재나 플라스터 등 다른 재료들의 표면을 착색하는 용도로 사용되고 있으며, 이는 더러워진 벽면을 새롭게 연출하는 데도 효과적이다. 도료는 색상과 질감이 매우 다양하게 생산되고 있으므로 실내분위기에 따라 미적인 효과도 다양하게 나타낼 수 있다. 또한 도료는 마감표면의 노화 및 부식을 방지시켜 주기도 하며, 풍화작용 및 각종 오염물질로부터 내부표면을 보호하기도 한다.

그림 8 벽면을 도료로 마감한 실내

(4) 유리

유리의 경우, 특수한 용도를 제외하면 바닥이나 천장의 마감재로는 거의 사용되지 않지만 벽재료로는 많이 사용되고 있다. 유리가 벽의 마감재료로 사용되는 세 가지 범주로는 벽 자체가 유리인 벽, 벽의 일부분이 유리인 벽, 벽의 표면재가 유리인 벽 등이 있다. 유리의 종류로는 일반 판유리, 반사유리, 안전유리, 무늬유리,

복층유리, 인테리어용 유리, 곡면유리, 유리블록 등이 있다.

벽 자체가 유리 | 벽표면재가 유리 | 부분 유리

그림 9 벽면을 유리로 마감한 실내

(5) 벽지

벽지는 단순히 벽을 마감하는 재료이기 보다 벽의 마감 기능을 갖춘 재료이다. 그 특성으로는 벽지의 색이나 패턴에 의해 공간의 착시, 리듬감, 통일감을 느끼도록 해 주며, 또한 어수선한 가구로부터 시선을 벽쪽으로 유도할 수도 있는 장점이 있다.

▣ 소재별 벽지의 종류

① 종이벽지

종이벽지는 색상, 패턴, 질감 등이 매우 다양하게 생산되며 시공이 간편하므로 많이 사용되고 있는 재료이다. 그러나 종이벽지는 수명이 짧고 내수성, 내광성, 탄력성 등이 약한 단점이 있다. 일반적으로 종이벽지의 가격은 저렴하지만 최근에는 수입벽지로 인해 고가(高價)인 것도 있다.

② 비닐벽지(실크벽지)

비닐벽지란 벽지의 표면이 비닐로 코팅되어 있거나 순수한 비닐로만 이루어진 벽지를 말한다. 이는 내구성이 뛰어나며 오염에 강하고, 내마모성, 내수성이 좋다. 또한 색과 패턴이 다양하게 생산되고 있어 선택의 폭이 넓으며, 가격이 싸고 관리가 쉬운(물청소 가능) 장점이 있다. 그러나 특수한 것을 제외하고는 대부분 통기성이 좋지 않으며 오래 사용하면 제거하기가 어려운 단점도 있다.

③ 직물벽지

직물벽지란 기존의 천연섬유에 종이를 배접 가공한 벽지를 말한다. 이는 타 벽지에 비해 제조상의 어려움이 있음에도 직물벽지만이 갖는 독특한 분위기의 부드러움과 고급스런 장식성 때문에 많이 사용되고 있다. 특성으로는 보온성, 통기성, 흡음성, 탄력성 등이 우수하지만 시공의 어려움, 변색과 탈색이 잘 되며 관리가 어렵다는 단점이 있다. 벽지의 재료로는 견직, 레이온, 비단, 우단, 모직 등이 있다.

④ 초경(草莖) 벽지

초경벽지는 천연소재로서 다양한 종류가 있으나 갈포(葛布)벽지라고 불릴 만큼 갈포벽지가 주종을 이루고 있다. 이는 수공예 벽지라는 점에서 그 선호도가 높은 벽지이며, 우리나라 고유의 전통민속공예 벽지라고 할 수 있다. 초경벽지의 종류에는 칡넝쿨에서 채취한 갈포벽지 이외에도 왕골을 이용한 완포벽지, 해초벽지, 황마 벽지, 마닐라 삼을 원료로 만든 아바카 벽지 등이 있다.

그림 10 종이벽지

그림 11 실크벽지

그림 12 섬유벽지

그림 13 초경벽지

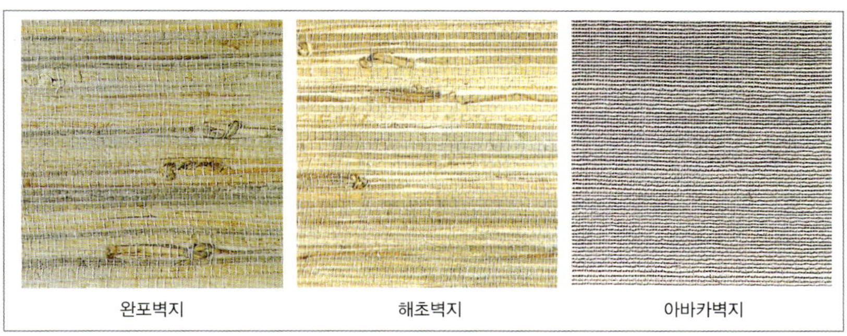

그림 14 초경벽지의 종류

3) 벽 디자인

① 벽의 높이는 인체와 관련되어 있기 때문에 벽의 높이에 따라 시각적, 심리적 효과가 다르다(그림 15).

- 60cm 이하 : 시각적으로 영역을 표시하거나 경계를 나타내며 이를 상징적 경계라고 한다.
- 120cm : 물리적으로는 차단되지만 시각적으로는 개방적이다. 즉 의자에 앉았을 때는 벽이 시선보다 조금 높아 주위공간과 분리되어 에워싼 느낌을 주게 되지만, 의자에서 섰을 때는 시선이 개방되어서 답답함을 줄일 수 있다.
- 180cm 이상 : 벽은 시선보다 높아서 물리적, 시각적으로 완전히 차단되어 프라이버시를 높인다. 또한 이러한 벽이 천장까지 완전히 막히지 않은 벽이라면 공기의 흐름이나 냉난방의 관리가 용이하게 된다.

② 벽면에 붙박이장을 설치하거나 또는 가구 자체가 벽이 되도록 하면 실용적인 디자인이 된다.

③ 벽면에 걸레받이, 반자돌림 등을 이용하면 거치른 마무리를 감출 수 있으며, 지나치게 높은 벽은 징두리판을 이용하면 벽이 상하로 구분되어 낮아 보이게 된다.

④ 벽의 마감재 선택은 실내공간의 가구류나 장식물의 배경이 되는 색이나 질감으로 한다.

⑤ 좁은 공간에서의 벽은 유리를 사용하여 공간의 답답함을 줄인다.

⑥ 벽지의 문양은 실내공간의 크기에 중요한 영향을 준다(그림 20).

- 진한 색의 천장은 방을 낮아 보이게 하고 밝은 색은 높아 보인다.
- 수직의 줄무늬는 방이 높아 보이게 하는 반면 공간을 축소시켜 보이게 한다.
- 수평무늬는 방이 낮아 보이게 하는 동시에 넓어 보이게도 한다.
- 작은 무늬는 방이 넓어 보이게 하고 큰 무늬는 방을 작게 보이도록 한다.

⑦ 변화가 필요한 공간에는 상황에 따라 벽을 이동 또는 분리할 수 있는 가변형 벽을 설치하면 매우 편리하다.

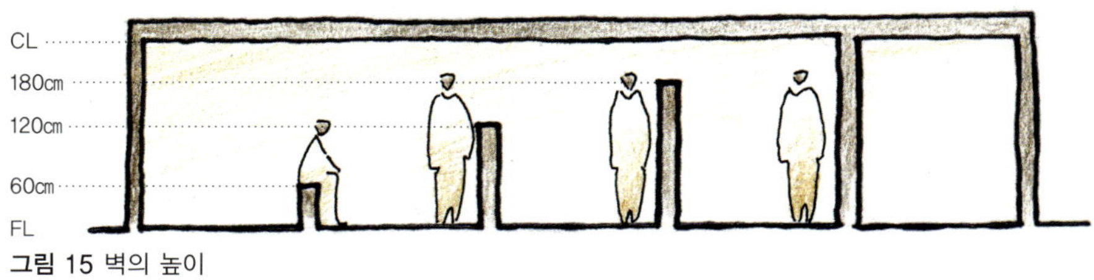

그림 15 벽의 높이

그림 16 낮은 벽으로 공간분할

그림 17 가구로 공간분할

그림 18 벽면 전체에 가구 설치

그림 19 유리로 공간분할

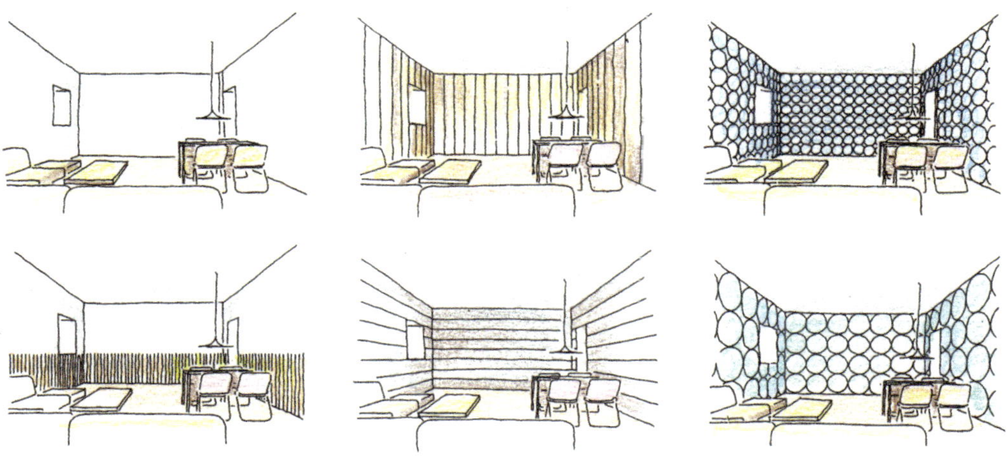

그림 20 벽지문양에 따른 실내공간 분위기

2. 문

문은 공간과 공간, 실내와 실외를 연결해주는 역할을 함으로써 실내동선과 가구배치에 영향을 미친다. 따라서 실내에서 문이 중앙에 있거나 여러 개 있으면 실의 중심이 없어지므로 가구배치가 어려워진다. 문은 디자인, 구조, 배치 등을 통해 한 공간으로부터 다음 공간으로의 전망, 방의 용도, 그리고 빛, 소리, 열, 차가운 바람 등의 통과를 조절할 수 있다.

문의 크기는 사람의 출입과 물건의 동선, 빈도, 유형 등에 따라 결정하게 된다. 따라서 문의 폭은 사람이 출입할 수 있는 최소한의 문폭(600mm)과 출입에 필요한 여유치수, 물건의 반출입을 위하여 일반적으로 900mm 내외를 선택하고 있다. 문의 높이는 1,800~2,600mm 내에서 결정되는데 일반적인 주거공간에서는 대부분이 2,000mm를 사용하고 있다.

따라서 문의 계획은 실의 성격과 사용 목적, 전체공간의 동선계획, 실내분위기, 디자인 양식, 실내 · 외부의 연관성 등에 따라 문의 크기, 형태, 위치, 개수, 디자인 등이 결정된다.

1) 문의 분류

① 양식에 의한 분류 : 양옥문, 한옥문
② 재료에 의한 분류 : 목재문, 금속문, 유리문 등
③ 설치 장소에 의한 분류 : 실내용문, 실외용문
④ 개폐방식에 의한 분류 : 여닫이문, 미닫이문, 미세기문, 자유문문, 자동문, 회전문, 접이문 등

그림 21 한옥문

그림 22 유리문

그림 23 실외용 문

그림 24 여닫이문

그림 25 미닫이문

그림 26 미세기문

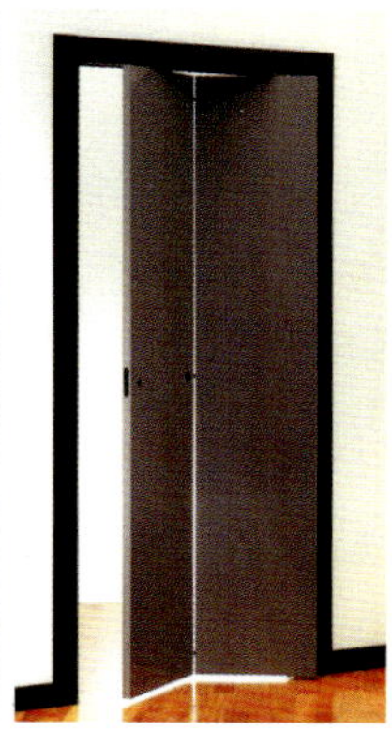

그림 27 접이문

2) 문의 디자인 기법

① 문 디자인은 일반적으로 단순하게 처리하지만 때로는 강조하기도 한다. 예를 들면, 형태, 질감, 색 등으로 강조하거나 문에 문양을 주거나 몰딩을 정교하게 처리한다.

② 문선장식은 그 형태와 색상을 통해 출입구를 강조해 줄 수 있으며 문을 공간의 독특한 시각적 요소로 작용하도록 해준다.

② 실내에 불필요한 문이 너무 많을 경우, 필요한 문만 남기고 나머지의 문은 칸막이 패널로 처리하거나 가리개(커튼, 블라인드, 가구 등)를 사용하여 공간의 개방성과 융통성을 주도록 한다.

③ 접히는 문의 경우, 수직선이 반복되어 나타나는 특징이 있고, 마감재가 목재나 직물을 재료로 하기 때문에 그 질감과 문양에 시각적인 관심이 끌리게 된다.

④ 유리문의 경우, 주의를 표시해 두지 않으면 위험할 수 있으므로 유리문 테두리를 다른 재료로 마감 또는 유리 자체어 문양을 주거나 유리문 주위에 가구 또는 화분 등을 놓아서 문이 있음을 암시해 준다.

그림 28 색으로 문 강조

그림 29 확장된 느낌의 개구부

그림 30 문양으로 유리문 강조

3. 창

창의 경우, 채광, 환기, 통풍, 외부의 정보(조망, 소리) 등을 실내로 유입시키고, 방음, 단열, 일사 등은 차단하게 된다. 이처럼 창은 통과시키는 기능과 차단하는 기능 등 2가지의 서로 상반되는 역할을 한다. 그러므로 창의 크기나 형태, 위치, 개수 등은 실의 성격이나 디자인, 크기, 방위, 기후 등에 따라서 결정하게 된다. 즉 전망이 좋고 채광이 중요하다면 창을 크게 또는 여러 개 내어서 실내에 개방감, 확대감을 주는 반면, 전망이 좋지 않고 채광 또한 중요하지 않다면 창을 작게 내어 아늑한 공간이 되도록 한다.

창의 크기는 그것을 에워싼 벽면뿐만 아니라 신체치수와도 관련이 있다. 우리는 창 상단의 높이가 신장보다 조금 높고, 창의 문지방이 허리 근처에 위치하는 창에 익숙해 있다. 공간을 겉보기에 확대하기 위해서나 외관을 넓히기 위해 또는 크기를 보충하기 위해 큰 창이 사용될 때에 창을 인간적인 크기로 유지하기 위해 작은 단위로 분할하는 것이 가능하다.

그림 31 다양한 크기의 창

1) 창의 분류

① 개폐방식에 따른 분류

여닫이창, 미닫이창, 미세기창, 오르내리기창, 고정창, 돌출창 등이 있다.

그림 32 여닫이창

그림 33 오르내리기창

그림 34 돌출창

② 위치에 따른 분류

a. 측창

가장 일반적인 채광방법으로서, 실내 측면에 있는 수직창을 말한다. 같은 면적의 천창에 비해 채광량은 적으나 빛이 측면으로 들어오기 때문에 반사로 인한 눈부심이 없고 물체의 명암을 명확히 해주어 입체감이 있어 좋다. 이는 창의 수와 위치에 따라 그 효과는 매우 다르다. 측창에는 크게 한 면 측창, 양면 측창, 고창, 저창 등으로 분류된다.

b. 정측창

창틀의 하부가 눈높이보다 높고, 창틀의 상부가 천장선과 같거나 그 아래에 위치한 수직창을 말한다. 이는 미술관, 박물관, 공장 등에서 채광상의 요구를 해결하기 위해 많이 이용되는 채광방식이다.

c. 천창

채광 또는 환기를 목적으로 건물의 지붕에 낸 창이다. 최소의 크기로 많은 빛을 실내로 유입시킬 수 있으므로 광창이라고도 한다. 같은 면적의 측창보다 광량이 3배 정도 많으며, 조도분포도 비교적 균일하다. 최소의 크기로 많은 빛을 실내로 유입시킬 수 있으므로 광창이라고도 한다.

종류	측 창		
	한면창	양면창	고창
개념	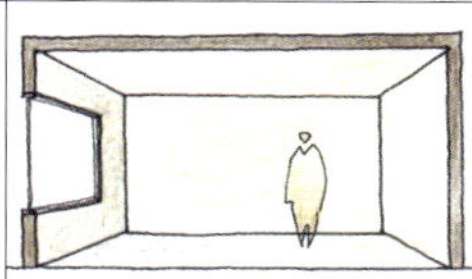	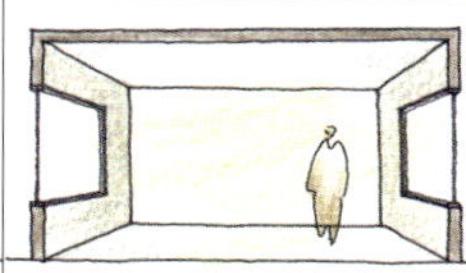	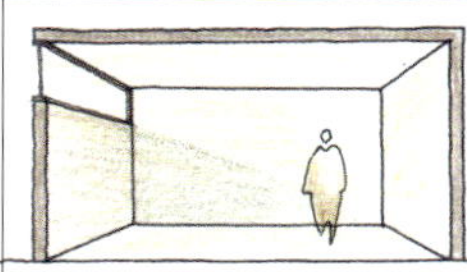
종류	측창 저창	정측창	천창
개념	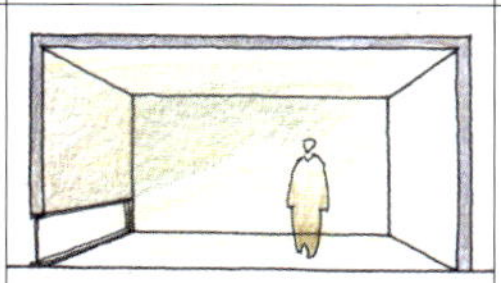	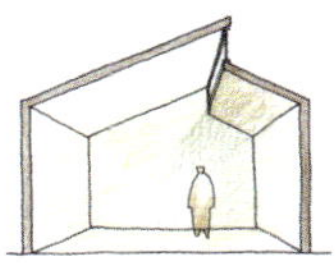	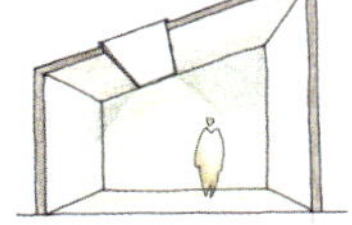

표 1 위치별 창의 종류

2) 창의 디자인 기법

① 전망과 프라이버시

창의 크기, 형상, 배치를 결정하기 위해서는 창을 통해 무엇이 보이는가? 전망이 좋은가? 만약 전망이 좋으면 그것이 실내공간 디자인 계획에 있어서 중요한 요인이 되는가? 그리고 실내를 거닐 때 경치는 어떻게 변화되어 가는가? 등에 대해서 파악되어야 한다. 또한 낮이나 밤이나 프라이버시를 침해받지 않고도 그 전망을 즐길 수 있는가? 등을 고려해 보아야 한다.

② 조명과 환기

자연조명은 실내를 쾌적하게 만들며 에너지를 절약하게 해주므로 적절한 활용이 요구된다. 그러나 실의 방위에 따라 빛의 양이 다르므로 빛이 너무 강한 방향에서는 드레이퍼리나 가리개 등으로 융통성 있게 빛을 조절하여 사용하면 된다. 또한 창의 크기, 위치에 따라 환기의 정도가 달라지므로 유의해야 한다. 가장 효율적인 환기방법으로는 자연스럽게 위로 올라간 탁한 공기는 고창을 통해 실외로 내보내고, 신선한 공기는 저창을 통해서 실내로 끌어들이는 것이며 상부에 환풍기를 설치하면 더욱 효과적이다.

③ 냉난방 고려

냉난방의 문제에는 창의 방위가 매우 중요하지만 창의 재료도 영향을 준다. 유리창의 경우, 대부분의 무색투명한 유리는 차단 및 보온효과가 좋지 않으나, 페어글라스(2중 유리)는 2장의 유리 사이에 진공층이 있어 바깥의 찬공기가 안으로 들어오는 것을 막아 주게 되므로 실내의 냉난방 문제에 도움을 준다. 또한 태양열을 반사하는 유리는 여름철에 냉방용으로 유용하게 쓰인다.

④ 가구배치와의 관련성

창의 배치 및 크기는 일반적으로 가구배치와 많은 관련성이 있다. 즉 실내공간에서 창이 많거나 클수록 실내는 밝으나 벽의 공간이 줄어들어 가구배치가 어렵다. 따라서 창의 배치 및 크기 결정을 위해서는 그 실에서 사용될 가구에 대한 파악이 우선시 되어야 하며 만약 가구배치 때문에 창의 면적이 한정되어야 할 경우라면 측창 대신에 고창이나 천창을 사용하면 된다.

⑤ 유지관리

창의 유지관리는 보통 대기의 청결 정도와 안팎에서 어린아이가 창에 닿을 수 있는지 여부에 따라 다르게 결정된다. 또한 창은 투명한 소재보다는 반투명한 것이 유지관리에 더 유리하다.

4. 창의 장식

주거공간에는 특별한 경우를 제외하면 반드시 창이 있다. 그러므로 거주자들은 개성과 감성을 반영하여 창을 장식하게 된다. 창의 장식에는 다양한 기능과 장식성을 가진 커튼이 가장 많이 사용되고 있으며, 그 외에도 블라인드, 어닝, 발, 식물 등이 있다. 따라서 창의 장식을 커튼 장식과 커튼 이외의 장식으로 분류하여 살펴보면 다음과 같다.

1) 커튼 장식

커튼의 어원은 라틴어의 그릇, 덮개, 차양이라는 뜻을 가진 코르티나(cortina)에서 유래되었다. 커튼의 경우, 15세기경 르네상스시대에는 장식효과를 위해 벽면에 부착시켜 사용했었으나 18세기부터는 창의 기능보완 및 장식으로 사용되기 시작하였다. 반면에 한국의 전통주거에서는 커튼을 전혀 사용하지 않았으나, 한지 붙인 장지문이나 가리개, 발, 병풍 등이 커튼과 비슷한 기능을 하고 있었다. 그러나 오늘날 한국의 주거공간에서는 대부분이 커튼을 사용하고 있는 실정이다. 커튼의 특성으로는 차단성, 차광성, 단열성, 보온성, 방음성, 흡음성, 장식성 등이 있다.

(1) 커튼의 종류

커튼에는 방의 용도나 목적에 따라 다양한 종류가 있다. 그 종류로는 드레이프 커튼, 레이스 커튼, 케이스먼트, 프린트 커튼 등이 있으며, 종류별 특성으로는 다음과 같다.

① 드레이프 커튼(drape curtain)

드레이프 커튼은 중량감이 있는 두꺼운 커튼을 통칭하는 용어로서, 직물을 움직이게 하거나 고정시켜 묶어두기도 한다. 이는 차폐, 차광, 차음, 보온효과가 있으며, 중후하고 호화로운 이미지를 나타내고자 할 때 사용하면 좋다.

② 레이스 커튼(lace curtain)

이는 얇은 천으로서 예전에는 채광 조절과 시원한 느낌 때문에 여름에 주로 사용하였으나 최근에는 4계절 모두 사용된다.

③ 케이스먼트 커튼

이는 드레이프 커튼과 레이스 커튼의 중간형으로서, 섬유의 앞뒤가 없으며 투과성이 있는 장식성 커튼이다. 이는 레이스와 비슷한 느낌이 나지만 훨씬 두꺼운 소재로서 4계절 모두 사용할 수 있으며 현대 감각이 요구되는 공간에 잘 어울리는 특성을 갖는다.

④ 프린트 커튼

프린트 커튼은 비교적 심플한 천에 문양을 프린트한 소재를 사용한 것으로서, 색과 문양 등이 매우 다양하다. 이는 얇은 소재에서 두꺼운 소재 모두 가능하며, 가격도 드레이프에 비해 비교적 저렴하다.

그림 35 드레이프 커튼

그림 36 레이스 커튼

그림 37 케이스먼트 커튼

그림 38 프린트 커튼

(2) 커튼의 부속요소

커튼에 부속되는 요소로는 코니스와 발란스, 액세서리 등이 있다. 이들의 특성을 살펴보면 다음과 같다.

	코니스	발란스
종류	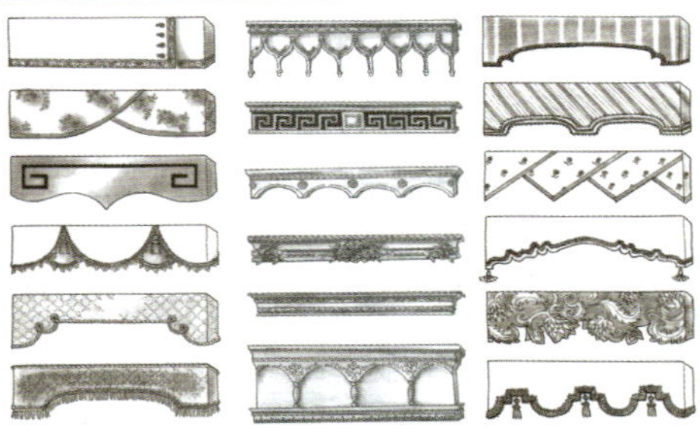	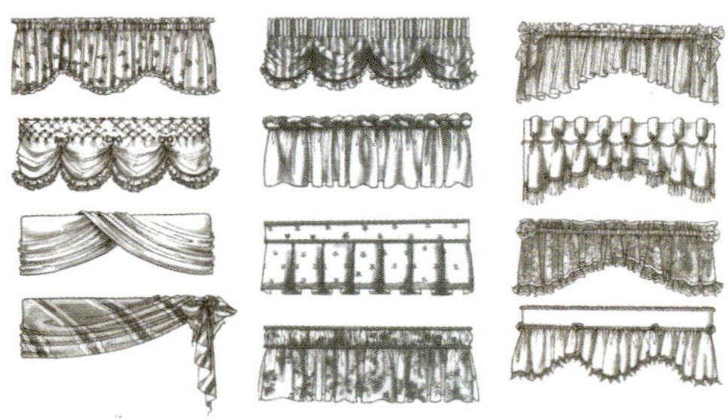
사례	 	 

표 2 코니스와 발란스

① 코니스와 발란스

코니스는 커튼의 윗부분과 레일을 가리기 위한 장식물로서, 창틀의 위 또는 천장에 폭 75~100mm 정도로 설치하게 된다. 발란스는 코니스와 기능은 같으나 직물로 드레시하게 만든 장식물이다.

② 커튼 액세서리

커튼의 액세서리는 커튼을 열거나 고정시킬 때 사용되는 장식물로서 그 종류는 다음과 같다.

a. 터셀(tassel) : 터셀이란 커튼을 좌우로 모아 아름답게 묶는 장식물로서, 커튼과 같은 천으로 만들거나 기성품을 사용한다. 기성품에는 꼬인 끈, 술장식, 체인 등이 있다.

b. 커튼홀더(holder) : 터셀을 걸어두는 고리로서, 장식 레일과 한 벌로 사용하게 되면 고전적이면서 격조 높은 분위기가 살아난다. 때로는 터셀 대신에 커튼홀더를 사용하기도 한다.

c. 술걸이(커튼걸이) : 터셀을 고정시키기 위한 것으로 세로창틀에 고정되어 있다.

d. 트림(trim) : 커튼 및 발란스 등에 악센트를 주기 위해서 가장자리를 장식한 것이다. 즉 커튼의 테두리 또는 끝단에 방울이나 술을 붙인 것으로서 그 종류가 매우 다양하다.

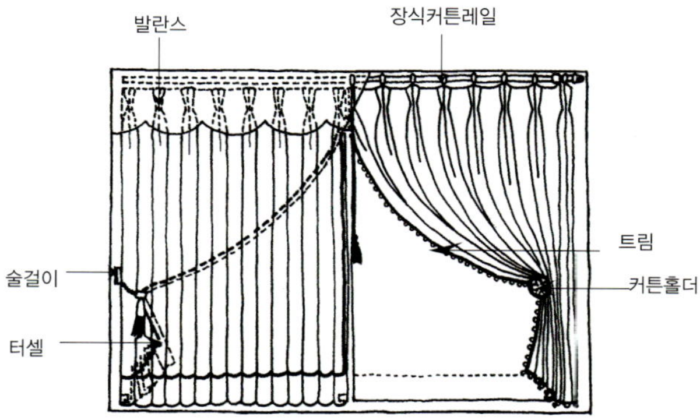

그림 39 커튼의 액세서리 종류

그림 40 트림

2) 커튼 이외의 요소로 장식

커튼 이외의 요소로는 블라인드, 어닝, 발, 식물 등이 있다.

(1) 블라인드(Blind)

블라인드는 중세 유럽 교회 종탑에서 들어오는 비를 차단하되 종소리는 잘 전달되도록 하기 위해 만들었던 루버에서 유래되었다. 블라인드의 소재로는 천, 나무, 종이, 알루미늄, 플라스틱 등 다양하게 있으며, 그 종류로는 베네시안 블라인드, 버티컬 블라인드, 롤 블라인드, 로만 셰이드 등이 있다.

① 베네시안 블라인드(venetian blind)

베네시안 블라인드는 루버가 수평으로 제작된 것으로서, 루버의 각도 및 승강 조작이 가능하여 채광과 통기 조절을 자유롭게 할 수 있다.

② 버티컬 블라인드(vertical blind)

버티컬 블라인드는 루버가 세로로 제작된 것으로서, 루버의 각도가 180도 회전된다. 이는 개폐방법이 좌우로 되어 있으므로 창뿐만 아니라 사람이 출입하는 개구부에도 설치가 가능하다.

③ 롤 블라인드(roll blind)

롤 블라인드(롤 스크린)는 기본 파이프 양끝에 있는 스프링의 힘을 이용하여 스크린을 감아 올리거나 내리는 것으로서, 주름이 없기 때문에 스크린의 문양이 잘 보인다. 설치방법으로는 창의 개폐 방법에 따라 하나가 되거나 2개로 나누어서 설치하면 매우 효과적이다.

④ 로만 셰이드

로만 셰이드는 주름이 접히지 않은 커튼이지만 커튼을 열게 되면 주름이 수평으로 접혀진다. 로만 셰이드는 깔끔하고 정돈된 느낌을 주며, 드레이프 커튼과 이중으로 사용하게 되면 더욱 멋있는 실내가 연출된다.

그림 41 베네시안 블라인드

그림 42 버티컬 블라인드

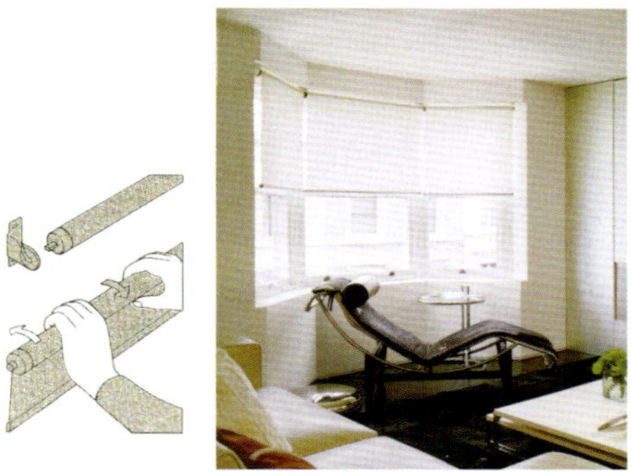

그림 43 롤 블라인드

그림 44 로만 셰이드

(2) 어닝 (Awning)

어닝이란 우리가 흔히 사용하는 차양막, 현수막, 코니탑 등을 나타내는 세계의 공통된 언어이다. 어닝은 비, 바람, 직사광선 등으로부터 보호해주며, 공조설비의 효율 증대, 사인 광고의 효과 창출, 건축 외부의 조형미 등의 기능을 갖는다. 특히 자외선으로 인한 가구나 집기의 변형 및 탈색을 방지하는 장점이 있다.

(3) 발

발의 종류에는 대나무발, 갈대발, 얇은 종이를 엮어서 만든 지사발 등이 있으며, 발의 형태로는 상하로 감아 올리는 유형, 아코디언 유형, 커튼 유형 등이 있다. 이러한 발은 여름철에 창이나 문을 열어 놓을 때 프라이버시 확보용이나 빛의 조절용으로 쓰인다. 그러나 때로는 발을 창에 드리우기만 해도 시각적으로 한결 시원한 느낌을 주기 때문에 여름철에 창의 장식용으로 활용되기도 한다. 이처럼 발은 한식 전통 양식의 감각뿐만 아니라 현대 주거에서 모던한 감각으로서도 사용될 수 있는 것이다.

(4) 식물

식물은 생명이 있고 성장에 따라 형태가 변하기 때문에 훌륭한 창의 장식물이 될 수 있다. 창의 장식 방법으로는 식물을 창 앞에 매달아 늘어뜨리거나 바닥 또는 창턱에 놓아두는 방법이 있다. 더욱이 정원이 없는 아파트 등에서는 창턱 작은 공간에 화분을 두게 되면 관엽식물의 푸르름을 즐기거나 사철 번갈아 피는 꽃을 즐길 수 있을 뿐만 아니라 집안이 직접 들여다보이는 것을 막아주는 프라이버시 확보용으로도 효과가 있다.

그림 45 어닝

그림 46 발

그림 47 식물

2. 5 실내공간의 가구

우리는 생활의 편리와 일의 능률을 위해서 가구에 의존하는 경우가 많다. 즉 우리가 휴식하거나 물건을 수납할 때, 식사 또는 다양한 작업을 할 때 등 대부분의 행위에서 가구를 사용하고 있다. 따라서 주택의 실내공간에서 가구를 제외하면 그 공간은 벽, 바닥, 천장으로 이루어진 커다란 네모난 상자에 불과하게 될 것이다. 이처럼 실내공간에서 가구가 차지하는 비율은 매우 높게 나타나며, 우리의 생활에 반드시 필요한 중요한 요소이다.

가구의 어원을 살펴보면, 한문으로는 家具(가구), 家化(가화)이며, 영어의 Furniture는 원래 '집에 갖추어진 물건' 이란 뜻이고, 불어의 'meuble' 와 독일어의 'Möbel' 은 '가동적' 이란 뜻이다. 따라서 어원에 의하면 가구란, '건물에 부착된 것' 과 '이동이 가능한 것' 등을 지칭하는 용어임을 알 수 있다.

그림 1 침실공간과 가구

그림 2 식사공간과 가구

1. 가구의 기능과 역할

일반적인 주택의 경우, 침실에는 침실에 필요한 가구를, 식사실에는 식사실에 필요한 가구를 설치하게 되므로 가구는 곧 그 실의 의미와 역할을 부여하게 된다. 이로써 가구는 공간에 생명력을 부여하게 되며, 공간과 인간을 연결하는 매개체 역할을 하게 된다. 가구는 공간을 구성하고 있는 요소 중에서 면적을 가장 많이 차지하고 있으므로 어떠한 형태의 가구를 선택하느냐에 따라 실내의 분위기가 달라질 수 있다. 즉 가구의 형태에 따라 실내분위기가 무거워지거나 가벼워지기도 하며, 부드럽거나 딱딱하게 느껴지기도 한다. 그리고 가구는 공간을 분할시키고자 할 때 사용될 수도 있으며, 공간을 보다 아름답고 개성있는 공간으로 연출할 때 사용되기도 한다. 또한 가구의 형태와 장식은 시대와 민족, 자연환경과 사용자의 취향이나 사회적 신분, 지위 등을 나타내기도 한다. 가구는 우리의 행동과 생활양식을 표현하는데 있어 보조적인 역할을 해준다. 즉 가구의 형태, 크기, 배치 등에 따라 우리의 행동을 규정하고 제약시키므로 생활양식에 영향을 미치게 된다.

2. 가구의 분류

1) 기능에 의한 분류

- 휴식용 가구 : 인간의 몸을 전반적으로 지지하므로 인체와의 접촉면이 가장 많다. 그러므로 가구 선택시에는 촉감, 쿠션, 각도, 높이 등의 요소를 가장 중요하게 고려해야 한다. 휴식용 가구로는 의자, 소파, 침대 등이 여기에 속한다.
- 작업용 가구 : 인간 동작에 보조가 되는 가구로서 물건을 올려놓고 사용하거나 작업을 가능하게 하는 가구이다. 가구 선택시에는 높이, 넓이, 재질 등을 고려해야 한다. 작업용 가구로는 책상, 식탁, 테이블, 작업대, 주방기구 등이 있다.
- 수납용 가구 : 생활에 필요한 물건을 보존, 보관하고 정리하는 것을 목적으로 하는 가구이다. 이러한 가구는 인체 접촉보다 물건의 종류에 맞추어 설정하게 된다. 수납가구의 유형으로는 구조에 따라 궤, 이동가구, 붙박이 가구, 칸막이 가구 등으로 나누거나, 용도에 따라 장롱, 옷장, 서랍장, 장식장, 문갑 등으로 나누기도 한다.

구분	1	2	3	4	5	6	7	8	9
휴식용	침대	안락의자	소파	휴식용 의자	대	좌의자	이불	카펫	그 외
작업용	작업대	카운터	테이블	책상	사이드테이블	좌탁상	상	나이트테이블	그 외
수납용	걸이	선반	선반장	개수대	궤	장	서랍장	커튼	그 외

표 1 기능에 의한 가구분류

2) 인간공학에 의한 분류

- 인체계 가구 : 가구에 인체를 직접 지지시켜 안락과 휴식을 취하기 위한 가구이다. 그 사례로는 의자, 소파, 침대 등이 있다.
- 준인체계 가구 : 물건을 지지하고 인간 동작에 보조가 되는 가구로서, 작업을

가능하게 하는 가구이다. 그 사례로는 테이블, 책상, 부엌의 작업대 등이 여기에 속한다.

- 건물계 가구 : 수납과 차단을 위한 가구로서, 수납가구, 구분가구, 옷걸이 등이 여기에 속한다.
- 에너지계 가구 : 에너지를 내는 가구로서, 소리, 빛, 열, 공기의 조절을 하는 TV, AV, 냉장고 등이 여기에 속한다.
- 스페이스계 가구 : 인간의 행위를 담는 가구로서, 욕조, 세면대, 변기, 싱크대 등이 여기에 속한다.

3) 형태에 의한 분류

상자형, 다리형, 소형 등이 있다.

4) 장소에 의한 분류

거실용, 식당용, 안방용, 부엌용 등이 있다.

5) 시스템별 분류

이동식 가구, 붙박이 가구, 조립식 가구, 모듈러 가구 등이 있다.

- 이동식 가구 : 공간이나 생활의 필요에 따라 자유롭게 이동, 배치할 수 있는 가구이다. 이는 개별 가구로 이루어져 있으며, 특히 우리나라에서는 이동식 가구가 대부분을 차지하고 있다.
- 붙박이 가구 : 건물에 고정된 가구로서, 건축물과 함께 시공되므로 설치하고 난 후에는 이동이 불가능하다. 그러나 바닥부터 천장까지 공간을 최대한으로 활용할 수 있으므로 수납의 효과가 크다는 장점이 있다.
- 조립식 가구 : 일정한 형태를 유닛화하여 필요에 따라 직접 조립 또는 해체할 수 있는 가구이다. 이는 상황에 따라 형태와 크기를 조절하여 개성있는 가구를 만들 수 있다는 특징이 있다.
- 모듈러가구 : 가구를 규격화하고 표준치수별로 모듈화한 가구유형이다. 이는 다양한 크기와 형태를 간편하고 경제적으로 만들 수 있다는 장점이 있다. 예로는 공간을 구획 또는 재구성하는 수납벽, 붙박이장, 주방의 작업가구 및 수납가구 등이 있다.

그림 3 모듈러 가구

그림 4 조립식 가구

3. 가구의 선택기준

가구는 한 번 구입하면 몇 년을 사용해야 하는 고가품이다. 그러나 우리가 구입한 가구들은 과연 올바른 선택이었을까? 우리가 가구를 선택할 때 아주 가끔은 기능적인 면이나 공간의 조화를 생각하지 않고 단지 유행하기 때문에 선택하는 경우를 종종 볼 수 있는데, 이런 경우 공간은 생명력이 결여되고 개성이 없어 보일 수 있다. 또한 구입할 때는 마음에 들었으나 사용하다 보면 불편한 경우도 가끔 있다. 그러므로 가구를 선택할 때는 반드시 다음과 같은 기준을 고려하여야 할 것이다.

1) 기능성과 이동의 편리성

가구를 선택할 때 장식성보다는 공간의 크기와 가구의 크기 관계, 다른 가구와의 관계, 사용자의 활동에 적합한 기능성, 이동의 편리성 등을 먼저 고려해야 한다.

2) 쾌적성(편안함)

특히 인체계 가구는 인체를 직접 지지하므로 가구의 촉감, 쿠션, 각도, 높이 등에 대한 고려를 충분히 하여야 한다.

3) 미와 개성

가구는 실내 전반의 분위기 더 나아가 건축과 그 양식, 질감, 색, 형태 등과의 조화를 이룰 수 있는 디자인이면서 동시에 개성과 분위기가 있어야 한다.

4) 경제성

가구에 대한 예산과 유지관리에 드는 시간, 에너지, 경비 등 모두 합산해야 한다. 가구는 오랜 기간 사용하는 것이므로 싫증나지 않아야 하며, 변색, 더러움, 수선 등의 유지관리가 쉬운 것이어야 한다.

4. 가구의 유형

가구 유형의 경우, 가정용 가구산업에서는 가구를 일반적으로 소프트 군(soft good)과 케이스 군(case good)으로 나눈다. 다시 말하면 비교적 촉감이 부드러운 가구(천으로 씌운 의자나 소파 등)와 딱딱한 재료로 만든 단단한 가구(장농, 서랍장 등)로 분류된다. 그러나 케이스란 단어가 원래 '용기'를 지칭하는 것이지만, 가구산업계에서는 책상 및 탁자 심지어 나무의자에까지 그 개념을 확대하고 있는 실정이다. 따라서 위의 두 유형 사이에 중복되는 경우가 많이 생기므로 여기서는 가구유형을 가구의 기능에 따라 분류하여 살펴보고자 한다.

1) 침대

침대는 가구 중 가장 개인적이며 인체를 완전히 지지해 주는 휴식용 가구이다. 그러므로 먼저 인체의 구조부터 살펴보면, 인체는 3개의 브레이크(두부, 흉부, 골반)와 2개의 조인트(경추, 요추)로 구성되어 있다. 그러므로 우리가 누웠을 때 일반적으로 무거운 브레이크 부분은 바닥으로부터 압력을 받게 되지만 조인트 부분은 바닥의 압력을 받지 않게 된다. 따라서 침대의 매트리스 경우, 너무 푹신하게 되면 조인트 부분까지 압력을 주게 되므로 좋지 않지만 매트리스가 조금 단단하게 되면 조인트 부분까지 압력이 전달되지 않으므로 좋은 침대라 할 수 있다. 특히 척

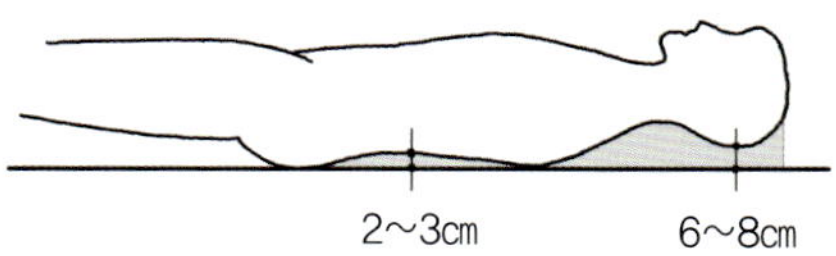

그림 5 누웠을 때의 인체

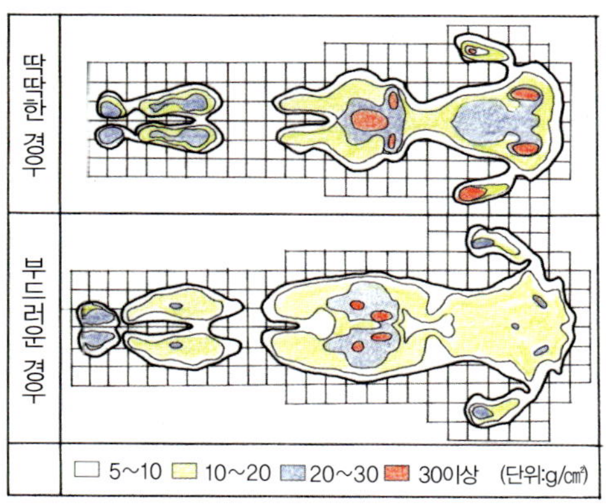

그림 6 침대의 체압분포

추에 이상이 있는 사람에게는 침대의 매트리스에 대해서 더욱 신중하게 고려되어야 한다. 또한 침대는 기능성이 좋고 크기가 적당해야 하는데, 기능성에는 탄력성, 통기성, 보온성, 내구성이 포함되어야 한다.

(1) 침대의 크기

침대의 크기는 사람이 충분히 누울 수 있는 크기를 기준으로 1인용, 2인용으로 구분된다.

성인을 기준으로 1인용에는 캐트(750×1,875mm), 싱글(900×1,875mm)이 있으며, 2인용은 크기별로 스리쿼터(1200×1,875mm), 풀(1350×1,875mm), 퀸(1,500×2,000mm), 킹(1,900×2,000mm), 롱킹(1,900×2,100mm)으로 구분된다. 2인용 침대는 일반적으로 풀사이즈를 기준으로 많이 사용하고 있으며, 이를 더블침대라고 한다. 그리고 2인용 침대 대신 1인용을 2개 놓아 사용하는 것을 트윈침대라 한다.

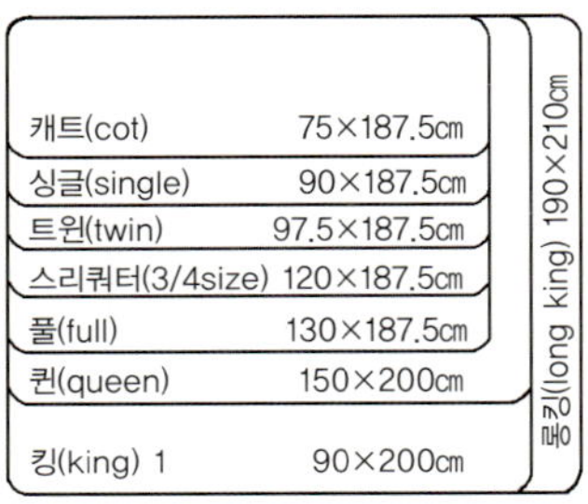

그림 7 표준 매트리스 크기

그림 8 더블침대

그림 9 트윈침대

(2) 침대의 종류

① 2층 침대 : 2개의 침대를 상하로 사용하거나 또는 상부는 침대, 하부는 수납이나 작업공간으로 사용한 경우를 말한다. 이는 실의 면적이 작거나 실을 다용도로 사용하고자 할 때 주로 이용된다.

② 하우스 베드 : 침대가 벽장에 수납되는 것이다. 즉 평소에는 공간 활용을 위해 침대를 벽장에 수납해 두었다가 필요에 따라 꺼내어 사용하는 것을 말한다. 이는 주어진 공간을 넓게 쓰고자 할 때의 장점이 있다.

③ 푸시백 소파 : 평소에는 소파로 활용하다가 필요에 따라 침대로 전환되는 것을 말한다. 이는 소파의 등받이를 밀쳐내어 좌면과 동일하게 되도록 하면 침대로 전환된다.

④ 바퀴달린 접는 침대 : 이동식 침대로서, 매트리스와 프레임을 반으로 접을 수

있으므로 필요에 따라 쉽게 이동하여 설치할 수 있는 침대이다.

⑤ 하이라이저 : 하나의 침대 밑에 또 하나의 침대가 저장되어 있어 필요에 따라 더블베드 또는 두 개의 싱글베드를 만들 수 있다.

⑥ 데이베드 : 평소에는 소파로 사용되지만 간혹 간단한 낮잠을 즐길 수 있도록 한 침대이다.

그림 10 2층 침대

그림 11 하우스 베드

그림 12 푸시백 소파

그림 13 바퀴달린 접는 침대

그림 14 하이라이저

그림 15 데이베드

(3) 침대 선택시 검토사항

- 침대가 안락한가? 사람들은 침대의 길이가 자기 키보다 최소 15cm 정도는 더 길어야 안락하게 느끼며, 침대의 매트리스가 어느 정도 단단해야 한다.
- 매트리스를 옮기고 돌리기에 편리한 손잡이가 달려 있나?
- 매트리스에 곰팡이와 악취를 방지할 수 있는 공기구멍이 있나?
- 박스 스프링은 먼지가 들어오지 않도록 아랫부분에 천으로 마감처리가 되어 있는가?
- 보증서가 적혀 있는가? 그렇다면 그 기간은 얼마동안인가?
- 매트리스와 박스 스프링은 내연성의 기준에 합당한가?

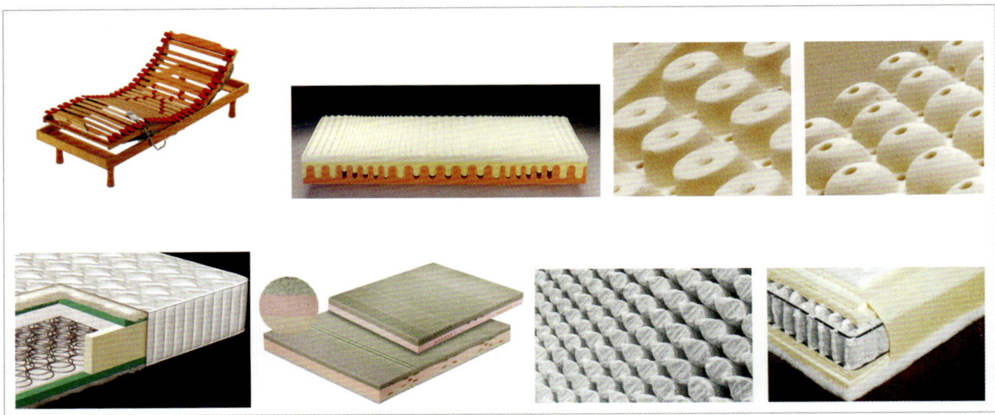

그림 16 침대의 기본구조와 매트리스 종류

2) 소파

오늘날 우리들은 깨어 있는 대부분의 시간을 의자류에 앉아서 작업, 휴식, 학습, 식사, 대화, 여행 등을 하며 보낸다. 그 중에서도 휴식하거나 대화 등을 할 때는 소파를 이용한다. 소파는 아라비아에서 유래된 것으로 2인 이상이 앉을 수 있는 의자를 말하는 용어이지만 일반적으로 3인용 의자를 소파라 한다. 1인용 의자는 암체어, 2인용 의자는 러브시트라고 한다. 3인용 의자인 소파는 여러 사람이 동시에 같이 앉을 수 있으며 낮잠과 같은 간단한 취침도 가능할 뿐만 아니라 침대대용으로도 사용할 수 있다. 소파는 의자에 비해 안락감은 있지만 그 부피가 크고 무거우므로 쉽게 이동할 수 없다. 따라서 소파의 선택은 가구의 점유면적과 소파가 배치되는 공간의 크기를 우선적으로 고려해야 한다.

(1) 소파의 종류

소파의 종류는 의자와 같이 시대 양식에 따라 형태, 명칭도 매우 다양하지만 대표적인 것은 다음과 같다.

- 체스터필드(Chesterfield) : 가구 자체에 속을 많이 넣어 쿠션이 아주 좋으며, 천 또는 가죽으로 마감된 커다란 소파
- 카우치(Couch) : 가구에 기댈 수 있도록 한쪽 끝이 올라간 형태로서 앉는 기능과 취침 기능을 혼합한 의자. 오늘날에는 스튜디오 카우치(Studio couch)라는 용어로 더 많이 사용하며, 마감은 천으로 되어 있다.
- 데븐포트(Davenport) : 보통 침대로 전환할 수도 있으며, 천으로 마감된 소파. 미국에서 주로 사용
- 다이밴(Divan) : 러그를 여러 겹 쌓은 것에서 발전한 가구로서, 앉는 가구

를 나타내는 터키 용어이다. 이는 낮으면서 크고, 비록 등받이와 팔걸이 부분은 없지만 기댈 수 있는 만큼의 큰 소파

- 라운지(Lounge) : '축 늘어져 기대다' 라는 뜻의 동사에서 온 용어로서, 오늘날 이는 누울 수 있는 평평한 소파 또는 아주 편안한 의자류를 모두 지칭
- 러브시트(Loveseat) : 2인용의 작은 소파
- 세티(Settee) : 등받이가 있는 2인용 의자로서 간혹 팔걸이가 있는 경우도 있으며, 종종 일부분만 천으로 씌워져 있는 소파
- 턱시도 소파(Tuxedo sofa) : 팔걸이와 등받이가 같은 높이로 된 쇼파
- 러즌 소파(Lawson sofa) : 팔걸이가 등받이보다 낮은 소파
- 소파베드 : 앉는 기능과 취침 기능인 두 가지 목적을 위한 소파
- 섹셔널 유닛(Sectional unit)이나 모듈러 소파(Modular sofa) : 의자 하나하나 분리 가능하므로 상황에 따라 크기와 모양을 다양하게 변화시킬 수 있는 소파

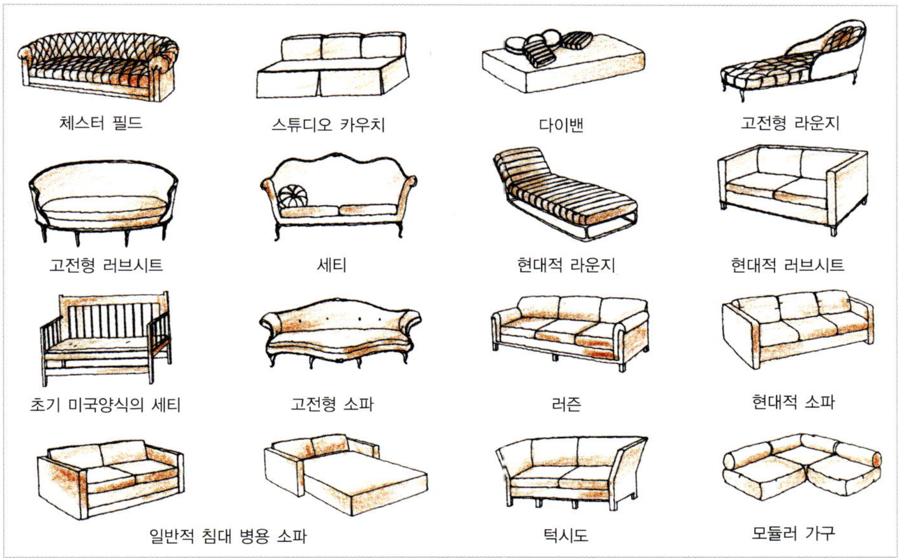

그림 17 소파의 종류

(2) 소파 선택시 검토사항

① 소파 앞부분에서 등받이까지의 깊이는 어느 정도인가?

어떤 소파는 깊이가 너무 깊어서 다리가 짧은 사람이 등을 기대고 앉으려면 무릎을 구부릴 수 없는 경우가 있는 반면, 어떤 소파는 너무 얕아서 무릎 위쪽의 허벅지 부분이 받쳐지지 않아 불편할 때가 종종 있다.

② 바닥에서 소파의 앉는 부분까지 높이는 어느 정도인가?

소파에 앉았을 때 어떤 것을 짚지 않고도 일어날 수 있는가? 혹은 소파의 앉는 부분이 너무 높아 걸터앉은 느낌이 들지는 않는가?

③ 소파가 어느 정도 부드러운가 혹은 딱딱한가?

소파에 앉았을 때 지탱되는 느낌을 주는가? 혹은 미끄러지는 느낌은 없는지?

④ 팔걸이의 높이는 어느 정도인가?

휴식을 취하기에 편리한 높이에 위치하고 있는가? 보조탁자에도 쉽게 접근할 수 있는가?

⑤ 등받이의 높이는 어떠한가?

등받이가 어깨 혹은 머리까지 지탱하는가?

⑥ 얼마나 많은 사람이 안락하게 앉을 수 있는가?

⑦ 가구 외장직물은 어느 정도 튼튼한가?

⑧ 팔걸이가 가구의 외장직물로 마감되어 있는가? 아니면 목재나 다른 딱딱한 재료로 되어 있는가?

3) 의자

의자는 입식생활에 있어서 가장 대표적인 가구로서, 우리의 몸을 지탱시켜 준다. 이러한 의자는 앉는 자세에 영향을 미치므로 의자선택은 매우 신중하게 해야 한다.

(1) 의자의 구성

의자는 기본적으로 좌면, 등받이, 다리로 구성되어 있으며, 용도와 휴식의 정도에 따라 발걸이나 팔걸이가 추가되기도 한다. 좋은 의자로서 구체적인 조건으로는 다음과 같다.

① 좌면 : 좌면은 어느 정도 단단하면서 평평한 것이 좋다. 일반적인 좌면의 각도는 2~9° 정도 기울지만 휴식 정도가 클수록 이 각도는 커진다. 바닥면에서 좌면까지의 높이는 400~435mm 정도, 좌면의 너비는 최소 400mm 이상이 되어야 한다.

② 등받이 : 의자의 용도에 따라 등받이의 각도는 달라진다. 독서용은 95~105°, 휴식용은 105~108°가 적당하다. 그리고 등을 받쳐주기 위해 최대로 튀어나온 곡선 부분이 정확하게 허리부분에 닿아야 하는데, 그 높이는 좌면에서 210~240mm 정도이다.

③ 팔걸이 : 좌면에서 팔걸이 윗면까지의 높이는 210~250mm 정도, 팔걸이 자체의 길이는 230~300mm 정도가 적당하다. 그리고 양팔걸이 사이의 간격은 480mm 이상이 되어야 한다.

④ 발걸이 : 앉았을 때 다리는 상체와 평행하거나 그보다 약간 각도가 커지는 위치에 있는 것이 바람직하다.

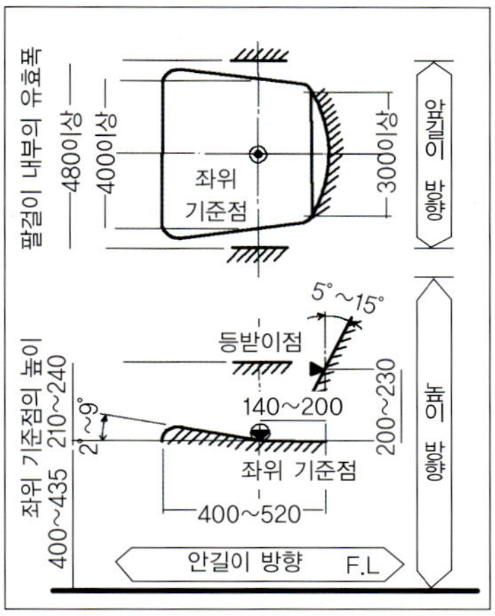

그림 18 의자의 치수(단위: ㎜)

그림 19 휴식을 위한 의자

그림 20 정신집중을 위한 의자

(2) 의자의 종류

- 라운지 체어(Lounge chairs) : 안락의자로서 기대기, 흔들거리기, 회전 등의 기능이 있다. 이는 크기가 매우 크며, 천이나 가죽으로 마감되어 있다. 또한 경우에 따라서 머리와 발쪽에 받침대가 있다.
- 이지 체어(Easy chairs) : 라운지 체어와 모양은 비슷하지만, 크기는 다소 작고 기계장치도 없다.
- 윙 체어(Wing chair) : 안락의자의 특수한 형태로서 높은 등받이와 옆에 붙은 날개로 인해 머리와 어깨부분이 받쳐지고 보호된다.
- 풀업 체어(pull-up chairs) : 용어에서와 같이 쉽게 옮길 수 있는 의자로서 이는 잡기에 편하며, 가볍고, 튼튼하다.
- 다이닝 체어(Dining chaire) : 식탁에 사용되는 의자이다.
- 오토만(Ottomans) : 등받이나 팔걸이가 없이 천으로 씌워진 낮은 의자로서, 이는 앉기보다 다리를 올려놓는데 많이 쓰인다.

• 스툴(Stool) : 등받이나 팔걸이가 없는 의자로서, 이는 화장용, 피아노용, 작업용, 보조용 등으로 사용된다.

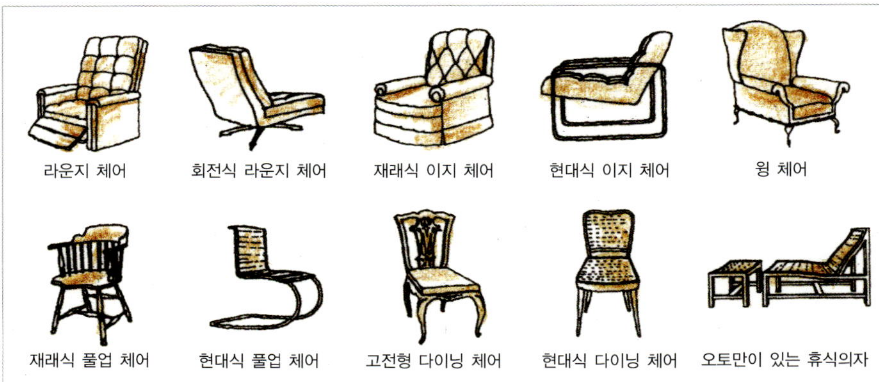

그림 21 의자의 종류

(3) 의자 선택시 검토사항

① 의자를 선택할 때는 반드시 앉아 보아야 한다. 의자의 좌면이 평평한가? 등받이는 척추를 잘 받쳐주는가?

② 작업의자의 경우에는 인체를 바른 자세로 장시간 유지시켜야 하므로 선택시 등받이의 경사는 95°~105°로서 적당한지? 등받이의 형태는 특히 요추가 잘 받쳐지도록 고안되어져 있는가? 또한 좌면의 높이, 너비, 깊이 등이 사용자의 인체치수와 부합되어 있는지?

③ 안락의자나 휴식의자의 경우, 지나치게 푹신거리는 의자는 안락해 보이기는 하지만 자세를 바꾸기 힘든 문제가 있으므로 자세를 자유롭게 변화시킬 수 있도록 고안되어져 있는가? 또한 등받이의 경사가 115° 이상인 경우에는 머리를 기댈 수 있도록 고안되어 있는가? 팔걸이가 있는가?

④ 신체 장애인 또는 노인을 위한 의자에는 바퀴가 있으면 좋다. 앉은 상태에서 의자를 밀고 다닐 수 있기 때문이다.

⑤ 기능이나 형태가 특수한 의자 경우에는 신중하게 선택해야 하다. 예를 들면 부엌 작업대에서 사용할 의자는 보통의자보다 더 높아야 하며, 아이들의 식탁의자는 청소하기 쉽고 등받이가 직각으로 된 것이 좋다.

그림 22 가변형 의자

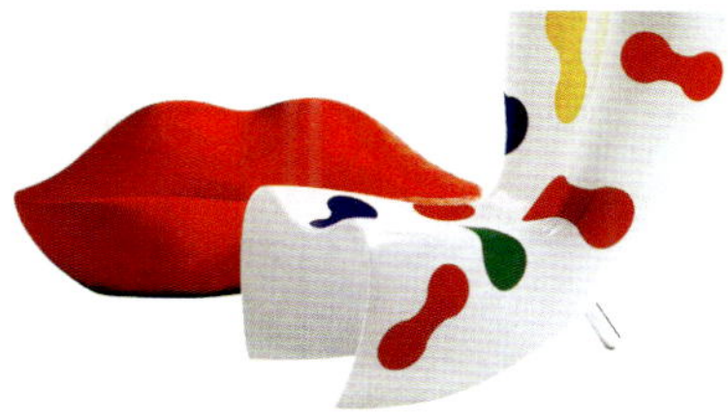

그림 23 다양한 형태의 의자

4) 탁자

우리는 상당히 많은 시간을 앉아서 생활하기 때문에 탁자가 필요하다. 그러나 탁자는 용도에 따라 다양한 형태를 띠고 있다. 즉 식사를 위한 식탁, 안락의자 옆에 두는 보조탁자, 소파 앞의 티테이블, 그리고 필기나 독서를 할 때 쓰면서 간단한 수납도 할 수 있는 책상 등이 있다.

(1) 식탁

최근에는 식탁에 식탁보 없이 부분적인 매트를 사용하거나 매트마저 쓰지 않는 경우가 많기 때문에 식탁의 마감재 선택이 매우 중요하다. 마감재로는 유지관리에 용이해야 하므로 일반적으로 목재나 플라스틱 등을 주로 사용하고 있다. 식탁의 높이는 의자에 앉았을 때 편안해야 하며, 너비는 일반적으로 한 사람당 600×375mm 정도가 되어야 한다. 식탁의 형태로는 정사각형, 직사각형에서부터 원형, 타원형, 팔각형 등 매우 다양하게 있으며,또한 식탁을 접었다 폈다하여 필요에 따라 좌석수를 조정할 수 있는 가변형도 있다.

그림 24 유리판 식탁

그림 25 가변형 식탁의 사례

(2) 차탁자

이는 차를 마시는데 주로 사용하지만 간단한 식사도 가능하며 또한 재떨이, 책, 잡지, 장식물 및 화분, 꽃 등을 올려놓기도 한다. 그러므로 탁자의 윗면은 내구성이 강해야 하며 또한 탁자에 선반이나 서랍 같은 수납공간이 있으면 더욱 유용하게 쓰일 수 있다. 탁자의 형태는 매우 다양하게 있지만, 이는 소파 또는 의자의 배치 및 형태 등과 관련이 있다. 탁자의 크기는 가장 긴 소파의 길이보다 작아야 하고, 높이는 앉았을 때 무릎보다 약간 낮아야 한다.

그림 26 차탁자의 종류

(3) 다용도로 쓸 수 있는 소규모 탁자

소규모 탁자란 앉아 있는 곳에서 손이 쉽게 닿고 물건도 올려놓을 수 있는 작은 탁자를 말한다. 일반적으로 가장 많이 사용되는 유형으로는 앤드 테이블, 나이트 테이블이 있다.

① 앤드 테이블 : 이는 소파나 의자 옆에 놓여지며 대체적으로 전화기, 메모, 화병 등 필요한 물품들을 올려놓거나 수납하는 테이블이다. 또한 이는 찻잔, 컵 등을 올려놓아 차탁자의 보조용으로 사용되기도 하며, 때로는 램프가 놓이기도 하여 '램프 테이블' 이라고도 한다. 탁자의 크기는 소파나 의자의 좌판 높이를 기준으로 정해지나 그 높이는 팔걸이보다 높지 않아야 한다.

② 나이트 테이블 : 이는 침대 옆에 놓여지는 소형탁자로서 '베드 사이드 테이블' 이라고도 한다. 이는 주로 스탠드 램프가 놓여지지만 때에 따라 책, 간단한 문구류 등이 놓여지거나 수납되기도 한다. 그리고 나이트 테이블에 침실 내의 각종 스위치(실내조명기구, TV, 라디오 등의 점멸기)를 장치해 두면 매우 편리하다.

그림 27 앤드 테이블

그림 28 나이트 테이블

(4) 책상

책상은 학습, 공부, 사무 등 정신집중을 필요로 하는 작업가구이다. 이는 필기, 독서 등 여러 행위에 따라 상판의 크기가 다양하게 있으며, 또한 용도에 따라 각도 조절 기능이 있으면 매우 편리하다. 책상의 높이는 사용자가 의자에 앉았을 때 팔꿈치 높이 정도가 적당하다. 그러므로 일반적으로 성인 남자의 경우 책상높이는 680~700mm, 여자의 경우에는 660~680mm의 치수가 적당하다. 책상의 표면 마감재로는 내구성이 있고 보존성이 좋은 것이어야 하며, 상판의 소재로는 나무, 유리, 플라스틱, 돌 등이 있다.

그림 29 책상

그림 30 수납형 책상

5) 수납용 가구

예로부터 우리나라는 수납용 가구가 발달하였으며, 그 대표적인 가구로는 장, 농, 문갑 등이 있다. 그러나 오늘날 수납용 가구는 물품을 보관, 정리, 진열하는데 목적이 있으며, 이는 이동이 가능한 가구뿐만 아니라 건축시공 단계부터 미리 계획되어 한 벽면에 고정시켜 설치되는 가구도 있다. 따라서 수납용 가구를 종류별로 살펴보면 다음과 같다.

(1) 선반

선반은 수평의 상판을 벽면이나 수직적 판에 연속 또는 고정시킨 가구이다. 선반의 기능 및 역할은 다음과 같다.

- 물품을 정리하는 단순한 기능뿐만 아니라 공간을 부분 또는 완전히 분할해주는 기능도 있다.
- 낮은 선반은 탁자의 역할을 하거나 공간을 분할하는 상징적인 기능을 갖기도 한다.
- 길이가 벽만큼 긴 선반은 디자인에 따라 벽이 될 수도 있다.
- 천장까지 닿는 높은 선반은 벽면에 있어서 하나의 강한 요소가 된다.
- 선반을 문이나 창 주위에 설치할 수도 있다.

그림 31 선반의 종류

(2) 장

장은 일반적으로 이동이 가능하며, 가구에 문이 달려 있는 것을 말한다. 이는 먼지가 침투되지 않아 관리가 용이하며 물품을 장기간 보관하기에 적합하다. 장의 개폐방식에 있어서 여닫이문일 경우에는 열었을 때 내부가 직접 보이므로 물품 찾기가 쉬운 장점은 있으나 가구배치시 문을 열 수 있는 여유공간이 반드시 필요하다는 단점이 있다. 그러므로 공간이 좁거나 공간의 제약이 있을 경우에는 미세기문으로 하면 더 효율적이다.

그림 32 키큰 장

그림 33 키작은 장

(3) 궤와 서랍장

예전에는 궤를 수납가구로 유용하게 쓰다가 여행시에는 가방으로 사용하기도 했으나, 오늘날에는 장식품 또는 잡다한 물건들을 수납하는 장으로 사용되고 있다. 그리고 궤를 장식품으로 사용할 경우 사회적 공간에서 탁자의 역할을 겸하여 사용하기도 한다.

한편 서랍장은 물품의 용도와 크기에 따라 서랍의 크기와 깊이가 결정된다. 그러므로 서랍장을 구입하기 전에 미리 넣어둘 물품의 치수를 기록해 두면 훨씬 효율적인 가구선택이 될 것이다.

(4) 붙박이 가구

붙박이 가구는 한쪽 벽면을 활용하여 최대한의 수납공간을 확보하는데 그 목적이 있다. 그러므로 이는 바닥에서 천장까지 벽면 전체가 수납공간이 되므로 인체와 수납물품과의 관계를 고려해야 한다. 따라서 붙박이 가구의 사용법은 물품의 종류, 사용빈도, 무게, 크기 등으로 분류하여 정리해 두고, 자주 사용하는 물품은 시선이 자연스럽게 멈추고 손이 쉽게 닿는 범위에 두면 된다.

(5) 칸막이가구와 모듈러 가구

칸막이 가구는 한정된 공간을 벽 대신 가구로 구획하여 독립성과 안정성을 얻게 하는 것이다. 칸막이 가구의 높이는 개방, 폐쇄 정도에 따라 결정되므로 공간의 성격, 가구배치 등을 고려하여 결정해야 한다. 칸막이 가구는 공간구획뿐만 아니라 수납과 장식을 함께 할 수 있다는 장점이 있다. 모듈러 가구는 칸막이 가구와 개념이 비슷한 것으로서, 공간의 낭비없이 원하는 가구의 높이와 크기에 따라 가구를 조립하여 사용하는 것이다. 그러므로 이는 공간의 효율성을 높일 수 있다.

그림 34 궤를 이용한 탁자

그림 35 서랍장

그림 36 붙박이 가구

그림 37 칸막이 가구

2. 6 실내공간 디자인에 개성을 더해주는 물품 : 액세서리

실내공간은 여러 가지 요소들로 이루어져 형성되지만, 디자인의 최종단계인 액세서리를 적용함으로써 비로소 생명력 있는 공간이 된다. 물론 실내공간에 액세서리가 전혀 없다고해서 생활하는데 기능적으로 문제가 되는 것은 아니다. 그러나 실내공간에 액세서리가 없다고 가정해 보면, 비어 있는 벽면이나 탁자 위는 어딘지 모르게 미완성의 느낌과 무표정한 인상을 줄 것이다. 따라서 실내공간 디자인에 있어서 액세서리란 실내의 분위기를 보완해 주거나 완전하게 해주며, 거주자들의 개성을 나타내주는 하나의 오브제를 말한다.

그림 1 액세서리와 실내공간

1. 액세서리의 기능과 역할

- 가변적 요소로서 실의 분위기 및 성격 결정에 불가결한 장식성 및 실용성을 가지고 있다.
- 가족의 개성, 취미와 품위 등 자기표현을 나타내주는 역할을 한다.
- 공간을 아름답게 표현할 수 있다.
- 시각적 효과가 높으므로 공간의 초점 역할을 할 수 있다.
- 방의 높이 또는 크기에 착시효과를 일으키도록 연출할 수 있다.

2. 액세서리의 종류

액세서리의 종류는 일일이 열거할 수 없을 정도로 다양하고 많다. 따라서 액세서리를 기능별, 공간별로 나누어서 열거해 보면 다음과 같다.

1) 기능별 액세서리

액세서리를 기능에 따라 분류해 보면 크게 실용적, 장식적, 기념적 액세서리로 나눌 수 있다.

① 실용적 액세서리

실제 생활에 쓰이는 기능적인 물품이지만 장식적인 효과가 있는 물품들이다. 그 예로는 도자기, 조명기구, 가전제품류, 시계, 전화 등이 있다.

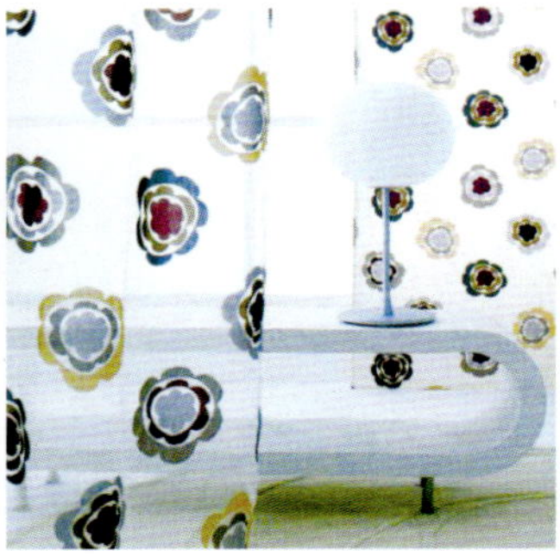

그림 2 실용적 액세서리

② 장식적 액세서리

기능적인 것 보다는 감상 위주의 물품들이다. 그 예로는 그림, 조각, 공예품, 사진, 골동품, 화초, 수석 등이 있다.

그림 3 장식적 액세서리

③ 기념적 액세서리

가족의 취미나 신분을 가장 잘 나타내는 물품들이다. 그 예로는 트로피, 상패 등의 기념품과 피아노, 첼로, 스키, 라켓 등의 취미용품 등이 여기에 속한다.

그림 4 기념적 액세서리

2) 공간별 액세서리

공간별 액세서리란 모든 실내공간에서도 쓸 수 있는 액세서리 외에 한정된 공간에서만 사용되는 장식품을 말한다. 공간별로 사용되는 액세서리를 살펴보면 다음과 같다.

① 거실공간

작은 테이블이나 스탠드, 스툴, 쿠션, 책장, 선반, 비디오, CD보관함, 재떨이, 쓰레기통, 꽃병, 화분이나 식물, 시계, 액자, 전화, 기타 전시용 장치 등

그림 5 거실공간과 액세서리

② 식사실공간

식탁보, 냅킨, 서빙 카트, 트레이. 식탁보, 접시류와 수저류, 그릇, 촛대나 홀더, 핫패드, 꽃꽂이, 화분 등

그림 6 식사실 공간과 액세서리

③ 부엌공간

그릇제품, 수건, 식기 집게걸이, 도마, 거울, 조미료 선반, 메모용지, 요리책 수납공간, 시계, 라디오, 전화, 특수한 급배수 하드웨어, 커피포트, 믹서 등 각종 취사용 가전제품 등

그림 7 부엌공간과 액세서리

④ 침실공간

침대보, 덮개, 담요, 베개, 쿠션, 침대 스탠드, 테이블, 시계, 라디오, TV, 거울, 화장용 액세서리(빗, 브러시), 전화, 꽃병, 화분이나 식물 등

그림 8 침실공간과 액세서리

⑤ 자녀실공간

이동형 조명(램프, 스탠드 등), 전화와 전화번호부, 쓰레기통, 꽃과 꽃병, 식물과 화분, 수납장, 전시물 받침대, 거울, 시계, 컴퓨터 등

그림 9 자녀실공간과 액세서리

⑥ 욕실공간

수건, 수건걸이, 휴지걸이, 세면도구, 칫솔과 유리컵. 체중계, 샤워커튼, 거울 등

그림 10 욕실공간과 액세서리

⑦ 현관공간

옷걸이, 코트걸이, 우산걸이, 신발장, 보호 매트나 바닥러너, 인터컴, 표시판, 게시판, 이름표, 거울 등

그림 11 현관공간과 액세서리

3. 액세서리의 배치방법

1) 바닥을 점유하는 액세서리

이는 입체적이며 비교적 규모가 크다. 예를 들면, 키가 큰 화분, 화초, 병풍, 조각, 악기 등이 여기에 속한다.

이러한 액세서리는 평면계획에서 가구를 먼저 배치한 후 남은 공간이나 허전한 공간에 배치한다. 그리고 이는 사람들의 관심이나 시선을 유도하여 특정방향과 장소로 동선을 유도할 수 있으며, 군집 정도에 따라 청각적, 시각적 프라이버시를 확보할 수도 있다. 이들 중 특히 식물은 실내공간에 자연을 끌어들이는 가장 간단한 방법으로서, 공간을 싱그럽고 활기있게 만들어 준다.

그림 12 바닥에 점유하는 액세서리

2) 벽에 거는 액세서리

이는 비교적 평면적이며, 작은 것에서 큰 것까지 규모가 다양하다. 예를 들면, 회화, 판화, 사진, 포스트, 달력, 시계, 기념패 등이 여기에 속한다. 이러한 액세서리는 입면계획에서 창이나 문, 기둥 및 가구 등의 실내공간의 구성물을 먼저 배치한 후, 벽면의 조화와 균형을 고려하여 배치하게 된다. 이는 방 전체 디자인의 일부가 되고 또한 주위의 가구들과 조화를 이루어야 하기 때문이다. 액세서리를 벽에 거는 일반적인 방법으로는 다음과 같다.

- 액세서리의 위치는 편안한 자세에서 봤을 때 눈높이에 오도록 한다.
- 규모가 크거나 가치있는 소중한 물품은 소파 위나 장식이 전혀 없는 벽면에 하나만 설치하는 것이 더 효과적이다.
- 규모가 작은 물품들은 여러 개를 군집으로 구성하면 시각적 초점이 될 뿐만 아니라 통일성을 얻을 수 있다.

그림 13 벽면을 장식하는 액세서리

3) 선반 및 테이블 위에 놓이는 액세서리

이는 앞에서 열거한 것 이외에 해당되는 물품으로서, 비교적 규모는 작다. 이러한 액세서리는 규모가 작아서 시각적 초점 역할은 못하지만 실내공간의 분위기를 풍부하게 해주는 역할을 한다.

그림 14 선반 및 테이블 위에 놓이는 액세서리

4. 액세서리의 선택 및 장식상 유의점

액세서리는 실내공간 디자인에 있어서 중요한 요소의 하나이므로 충분한 시간을 두고 신중하게 선별하는 노력이 필요하다. 이는 실내공간 디자인이 아무리 잘 되었더라도 마지막 액세서리의 위치나 선택이 적절하지 못하면, 공간의 기능성이 떨어지며 실내공간 전체의 분위기가 균형을 잃게 되고 무의미하게 되기 때문이다. 따라서 액세서리를 선택하고 장식할 때는 많은 주의가 요구된다.

① 액세서리 선택시에는 실내공간에서 꼭 있어야 할 위치를 먼저 결정하고, 그 장소가 적당한지를 재검토한 후 결정하는 것이 실수를 가장 줄일 수 있는 방법이다.

② 액세서리의 종류 선택에는 제한이 없다. 그러나 일반적으로 실내공간의 크기, 마감재료, 색채 등에 따라서 디자인의 의도, 주제를 결정한 후 액세서리의 크기, 질감, 색채, 표현방법 등을 선정하여야 한다.

③ 액세서리가 아무리 가치 있고 세련되었다 하더라도 지나치게 많은 것을 한꺼번에 사용하지 않도록 한다. 소품을 지나치게 많이 사용하게 되면 시각적 초점이 약해져 혼란감을 줄 수 있기 때문이다.

④ 액세서리 배치시에는 약간의 변화를 줄 수 있는 여지를 남겨두어야 한다. 이는 액세서리가 언제나 변함없이 그 위치에 있게 된다면 싫증을 느낄 수 있으며, 장식으로서의 생명력도 감소하기 때문이다. 따라서 계절에 따른 변화를 준다든지 또는 거주자의 생활에 따라 소품을 바꾸거나 변화를 주게 된다면 실내분위기는 한층 새로워질 것이다.

⑤ 액세서리 선택시에는 사용자의 취향, 기호, 개성 등을 반영시켜야 한다. 공간의 분위기란 액세서리로 인해 취미, 직업과 성격까지도 나타내주기 때문이다. 그러나 주거공간을 꾸미는 것은 개인적인 사항이다. 대부분의 실내디자이너들은 주거공간에서 액세서리를 장식하는 일만은 사용자에게 맡기는 경우가 많다. 즉 공식적인 실내의 액세서리는 시대와 양식상의 제한을 받지만 비공식적인 실내에서는 그러한 제한이 있을 수 없기 때문이다.

⑥ 개인적인 수집품은 한 부분에 집중시켜 배치해야 한다. 이는 너무 많은 장식품들을 실내에 산재시키게 되면 방 전체가 어지러워 보일 수 있으며, 또한 개별적인 부품들의 중요성이 상실되기 때문이다.

□ 그림을 배치할 때 유의할 점

그림은 그 자체가 다양한 작가의 사상을 여러가지 형태로 표현한 것이기 때문에 일률적으로 어디에 어떤 구도로 걸어야 된다는 정답은 없다. 다만, 그림 자체의 느낌을 가장 잘 전달되도록 하여야 한다.

① 그림은 편안한 자세에서 눈높이에 오도록 하는 것이 좋다. 즉 현관 맞은 편이나 복도의 벽에 그림을 걸 때는 서있을 때의 눈높이에 맞춰야 하지만 대부분 그림의 높이는 앉아 있을 때를 기준으로 한다. 그림을 올려다 보거나내려다 본다면 그 주제를 알 수가 없기 때문이다.

② 규모가 크거나 가치있는 소중한 작품은 그 주변에 다른 것을 놓거나 걸지 말고 하나만 거는 것이 가치있게 보인다. 이때 천장에 스포트라이트로 그림을 강조하면 더욱 좋다.

③ 규모가 작은 그림은 여러 개를 모아 함께 구성해서 거는 것이 집단에 의한 통일성을 얻을 수 있다. 그러나 작은 그림 여러 개를 한 벽에 걸 때는 구도를 생각해야 한다. 구도에는 원형 구도, 사각 구도, 삼각 구도 등 다양한 구도들이 있는데 벽의 여백과 작품을 고려하여 구도를 결정해야 한다.

5. 화훼장식

화훼(花卉)는 관상을 대상으로 하는 식물들을 말하며, 화훼장식(花卉裝飾, floral and plant design)은 화훼식물을 주소재(素材)로 인간의 창의력과 표현능력을 이용하여 공간의 기능과 미적 효율성을 높여주는 장식물을 제작하거나 설치하고 유지, 관리하는 것을 말한다. 화훼식물의 장식공간은 실내공간과 실외공간으로 나눌 수 있으나, 본 서에서는 실내공간으로 한정한다. 또한 실내공간 장식인 경우 크게 꽃꽂이와 실내조경으로 나눌 수 있는데, 꽃꽂이는 본 서의 3.6장에서 테이블 플라워라는 명칭으로 설명하고 있으므로 본 장에서는 실내조경에 대해서 설명하고자 한다.

1) 실내조경

실내조경은 살아있는 생명체로서 건조한 느낌의 현대 주거공간에 놓이게 되면, 실내공간은 훨씬 생기있고 부드러운 분위기로 변화할 것이다. 식물이 가진 녹색의 신선한 생동감은 인공적인 실내환경과 대조를 이루면서 자연적이고 친근한 실내분위기를 형성한다. 따라서 실내에 식물을 적절히 도입함으로써 의미있고 매력적인 공간을 계획할 수 있다.

2) 실내조경의 종류

실내조경은 기본적으로 용기와 토양, 식물 등으로 이루어진다. 실내공간에 배치되는 조경으로는 매우 다양하게 있으나 형태적 특성에 따라 다음과 같이 나누어 볼 수 있다.

① 다양한 실내조경

실내조경은 용기의 형태, 크기, 색, 재질, 배수구의 유무에 따라, 그리고 식물의 종류, 크기, 수, 배치 방법에 따라 각양각색의 크기, 형태와 구성으로 제작될 수 있다.

② 테라리움(terrarium), 비바리움(vivarium), 아쿠아리움(aquarium)

테라리움은 밀폐된 유리용기 속에 토양층을 형성하여 식물이 자라도록 만든 것을 말한다. 병 모양의 유리 용기에 심은 테라리움은 병정원(bottle garden)이라 불리기도 한다. 비바리움은 테라리움이 변형된 것으로 식물을 심은 유리용기 속에 도마뱀, 이구아나 등의 동물이 함께 생활하도록 만든 것이다. 아쿠아리움은 수족관을 의미하지만 테라리움과 같이 유리용기 속에 식물을 심고 연못을 만들어 거북이나 물고기를 넣어서 같이 키우는 것을 말한다.

③ 걸이분(hanging basket)

걸이분은 바구니를 비롯한 가벼운 용기에 신답서스, 트라데스칸티아, 아이비 등과 같은 덩굴식물을 심어 아래로 늘어뜨리면서 매달아 키우는 형태이다. 걸이분은 오랜 옛날부터 많이 이용되어 왔던 형태로서 다양한 걸이용 용기가 개발되면서 새로운 양식의 걸이분을 이용한 장식이 많이 이루어지고 있다.

④ 수경재배(水耕栽培)

장식을 목적으로 하는 수경재배(hydroculture)는 토양 대신에 식물을 지지할 수 있는 배지(培地)와 물을 넣어 인위적으로 양분을 공급하면서 식물을 재배하는 방법을 말한다. 유리용기에 아름다운 색돌이나 구슬을 넣어 주면 식물을 지지해 주는 역할과 장식적 역할을 동시에 이루게 된다. 특히 초봄에 히아신스나 수선화, 크로커스, 아마 릴리스 등의 구근류를 이용한 수경재배가 많이 이루어진다.

⑤ 실내정원 (indoor garden)

실내정원(indoor garden)은 실내조경을 반복적으로 배치하여 분정원(盆庭園)으로 이루어진 것으로서, 천장이나 벽면 전체가 유리로 건축되는 현대식 건물내 실내정원은 오늘날 실내공간의 필수적인 요소가 되고 있다. 이러한 실내정원은 대부분 열대, 아열대 원산의 관엽식물로 구성되고 있다.

3) 실내조경의 기능

① 심미적 기능

실내공간은 식물이 가지는 색, 형태, 질감 등으로 인해 아름답게 연출된다. 식물의 형태는 시간이 지남에 따라 성장하면서 그 형태가 자연스럽게 변화한다. 식물은 흥미로운 시각적 대상으로서 적극적으로 표현되어 조각적 요소가 되기도 하지만 특별한 미적 효과를 위해서는 인공적으로 전지(剪枝)하면 다양한 변화감을 줄 수 있다.

- 식물은 특정 부분에 주의를 집중시켜 돋보이게 하는 악센트 요소로서 보다 용이하게 전개시킬 수 있다.
- 공간에서는 거친 질감과 큰 잎을 가진 식물은 가능하면 피하고 고운 질감과 작은 잎의 식물이 좋다.
- 식물이 가진 꽃, 잎, 줄기 등의 형태와 밀도, 변화 정도에 따라 다양한 시각적 질감을 즐길 수 있다.

② 심리적 기능

식물은 자연환경에 대한 선천적인 감정을 불러 일으키는 연상작용을 하여 시간, 장소, 감정 등을 상기시킨다.
이러한 측면을 계획에 적용하여 특정한 장소에 대한 기억을 갖도록 함으로써 실내에 대한 쾌적한 아이덴티티(identity), 장소성을 높여준다. 따라서 식물을 실내공간에 적극 도입하여 인공적인 환경을 자연 속의 경관으로 상상, 유도한다. 생명력을 갖고 있는 식물은 그 활기와 변화감으로 감성적인 분위기를 창출할 뿐만 아니라 자연에 대한 환기로 공간에 생명력을 불어 넣으며 심리적으로 보다 안정되고 편안한 환경을 조성하여 사람들에게 쾌적한 실내공간을 제공한다.

③ 건축적 기능

실내공간을 분할하고 경계지어줌으로써 특정한 공간이 고유의 기능을 가지도록 하며, 이용자의 동선을 유도하여 흐름이 자연스럽고 질서를 유지시켜 주는 기능을 한다. 식물은 성장 변화하는 입체로 이를 어떻게 처리하느냐에 따라 다양한 기능을 갖는다.

- 사람들의 관심과 시선을 유도하여 특정한 방향과 장소로 동선을 유도할 수 있다.
- 통로와 시선을 차단시킴으로써 식물은 스크린의 역할을 한다.

④ 치료적 기능

현대인들이 바라는 건강이란 신체적인 건강은 물론 환경에 대한 적응과 정신적인 건강을 포함한다. 인간의 행동에 영향을 미치는 요소가 개인과 그 개인이 속해 있는 환경이라고 할 때 실내조경을 통해 자연환경 및 자연재료를 접함으로써 정서적인 안정을 가져올 수 있는 것이다.

- 원예치료 : 원예치료는 식물 또는 그와 관련 있는 여러 활동을 통하여 신체와 정신의 향상을 촉진하는 동시에 자신감, 성취감, 친근감을 갖게 하는 것이다. 즉 식물을 사랑하며 기르는 마음을 배우고 가꾸어 더욱 가치있는 삶을 이룰 수 있는 것을 뜻한다.
- 향기치료 : 후각반응을 이용하는 향기치료는 식물의 잎, 줄기, 뿌리, 꽃, 열매, 껍질 등에서 향을 흡입하는 것으로서, 정신적, 신체적 기능을 개선하는 것으로 여러 의학영역에서도 임상적 효과를 나타내고 있다.

  예로부터 네로황제는 숙면효능이 있는 마조램이나 최음효과가 있는 장미를 사용하였다고 한다.[1] 그리고 우리나라의 경우 허준의 '동의보감'에 향을 이용한 치료를 했다는 기록이 전해진다.

1) 권경옥, 아로마 테라피, 2001 재인용

그림 15 실내조경의 사례

공간 디자인과 테이블 스타일링

3 테이블 스타일링

3. 1 테이블 스타일링의 개요
3. 2 테이블 스타일링의 기본요소
3. 3 공간크기와 테이블 스타일링의 순서
3. 4 스타일별 테이블 코디네이션
3. 5 계절별 테이블 스타일링
3. 6 테이블 플라워디자인

3. 1 테이블 스타일링의 개요

식사를 위한 테이블에는 요리뿐만 아니라 여러 가지 요소들을 필요로 한다. 요소로는 식기와 컵, 수저, 조미료통 등이 있다. 그러나 이러한 요소들을 테이블에서 어떻게 조합시키느냐에 따라 식사 테이블은 우리들에게 편안한 식환경을 만들어 주기도 하고, 음식의 맛을 손상시키거나 불쾌감을 주기도 한다. 이처럼 테이블의 요소들을 어떻게 조합할 것인가는 매우 중요하다고 할 수 있으며, 이러한 요소들을 조합하는 것을 테이블 스타일링이라 한다.

즉 테이블 스타일링이란 식탁 위에 올라오는 모든 요소들의 색, 질감, 형태 등의 구성을 생각하여 맛있는 음식을 보다 더 맛있게 보이도록 하며 또한 사람들과는 더욱 즐겁고 편안하게 대화할 수 있도록 식공간 연출을 기획하고 조정하는 것을 말한다. 그러므로 이는 소재를 조합하는 것뿐만 아니라 공간과 사람이 연결되도록 연출하는 것이다. 따라서 테이블 스타일링을 위해서는 무조건 비싼 식기류나 커트러리류 등을 사용하기 보다 모임의 장소와 시간 및 목적 등을 고려하여 컨셉에 맞도록 해야 할 것이다.

1. 테이블 스타일링의 역할

테이블 스타일링의 목적은 단순히 식탁 연출만을 의미하는 것이 아니라 사람들이 모여서 편안하고 즐겁게 대화를 나누며 상호교류를 통한 장소로 만들어나갈 수 있도록 하는 것이다. 이러한 목적을 달성하기 위한 테이블 스타일링의 역할로는 다음과 같다.

1) 물리적 영양 보급

테이블 스타일링은 일차적으로 배고픔 해결을 위하여 음식을 먹기 위한 도구의 역할을 한다.

2) 정신적 영양 보급

연출된 테이블 스타일링에서는 식욕을 느끼게 하고, 식소재들을 통해서는 만족감을 느끼게 한다. 그러므로 테이블 스타일링의 여러 가지 요소들(소품이나 맛있는 요리)의 적절한 조합은 정신적인 안정감을 주는 역할을 한다.

3) 커뮤니케이션의 장소

모임의 성격을 분명히 한 테이블 스타일링은 모임의 구성원들간의 대화를 자연스럽게 유도하는 역할을 한다.

4) 휴식의 장소

테이블 스타일링을 통해 릴렉스한 분위기가 연출되기도 한다. 즉 테이블 스타일링은 식사를 하면서 일상의 피로를 씻고 그날의 스트레스를 풀 수 있는 여유와 휴식 역할을 한다.

2. 테이블 스타일링시 체크 포인트

테이블 스타일링은 시각뿐만 아니라 청각, 후각, 미각, 촉각 등의 오감을 만족시켜야 하며, 이를 위해서는 가장 먼저 테이블에 초대되는 구성원들의 연령, 성별, 생활주기, 취미, 경제력 등을 고려하여야 한다. 그리고 식공간 구성요소인 시간, 장소, 목적(time, place, objectives ; T.P.O)에 따른 기본 개념을 정해야 하며, 다음으로는 6W1H 원칙의 구성 요건을 갖출 수 있는 메뉴와 그에 따른 테이블을 계획하고 구성하여야 한다.

1) 시간, 장소 및 목적 (T.P.O.)에 따른 기본 개념

① 시간(Time)

음식과 식공간을 연출하는 시간이 언제인가? 이는 테이블 스타일링의 컨셉을 정하는데 매우 중요한 역할을 한다. 즉 오전, 오후, 밤 시간대별로 식기류의 색이나 소재가 달라야 하며, 또한 이에 따라 메뉴를 가볍게 할 것인가 무겁게 할 것인가를 결정해야 한다. 그리고 시간대별로 식사 소요시간도 다르다는 점을 감안해야 하므로 테이블 스타일링에서 시간(Time)을 정하는 것은 매우 중요하다.

그림 1 시간에 따른 다양한 테이블 스타일링

② 장소(Place)

모임의 장소, 즉 공간 연출 장소가 어디냐에 따라 테이블 스타일링은 달라진다. 장소가 리빙룸인가, 다이닝룸인가 또는 정원인가에 따라 테이블의 형태나 크기, 서빙 방식 등이 달라지게 된다. 일반적으로 식사하는 인원 수에 비해 공간이 협소한 장소인 경우에는 입식이 가능한 뷔페형식이 좋으며, 공간이 넓을 경우에는 함께 앉아 식사를 하면서 담소가 가능한 테이블 배치가 좋다.

그림 2 장소에 따른 다양한 테이블 스타일링

③ 목적(Object)

누구를 대상으로 이루어질 것인가를 결정하는 것도 매우 중요하다. 모임의 주체가 누구이며, 어떤 목적을 위하여 테이블을 스타일링하는가 하는 기획 의도를 정확히 파악한 후 테이블을 연출해야 한다. 예를 들어 생일이나 기념일처럼 축하를 위한 경우라면, 기분을 고조시킬 수 있는 분위기와 색상으로 조성해야 할 것이다.

그림 3 목적에 따른 다양한 테이블 스타일링

2) 6W1H원칙의 구성 요건

① 누가 (who)

누가 먹을 것인가를 고려한다. 즉 식사를 하는 사람의 연령층, 개인 건강상태, 기호도에 따른 스타일링을 계획한다.

② 누구와 (with whom)

누구와 먹을 것인가를 고려한다. 이는 좌석의 위치 결정이나 분위기를 결정해야 한다.

③ 언제 (when)

언제 먹을 것인가를 고려한다. 1일 3식을 기본으로 하고 있으나 연령이나 식습관, 개인의 생리상태에 따라서 식사시간의 리듬은 변하기도 한다. 그러므로 이러한 파악을 통해 주식 또는 경식을 결정해야 한다.

④ 어디에서 (where)

어디에서 먹을 것인가를 고려한다. 식사를 제공하는 장소가 어디냐에 따라 서빙 방식, 테이블 형태, 커트러리, 센터피스 등이 결정된다.

⑤ 무엇을 (what)

무엇을 먹을 것인가를 고려한다. 메인요리가 무엇이냐를 결정하는 것은 매우 중요하다. 여기서는 첫째 요소인 '누구와'에서 파악된 대상자들의 기호도를 반드시 체크하도록 하고, 유행하는 음식 트랜드에 맞는 요리를 만들어 제공할 수 있어야 한다.

⑥ 왜 (why)

무엇을 위하여 먹을 것인가를 고려한다. 즉 영양학적인 동기, 더욱 맛있게 먹기 위한 심리만족과 기호적인 동기, 건강증진을 위한 동기, 즐거운 상호교류의 장을 만들기 위한 동기 등 여러 가지 이유에서 음식을 만들고 식공간을 연출하게 된다.

⑦ 어떻게 (how)

어떻게 먹을 것인가를 고려한다. 테이블에 둘러 앉아 서빙되는 음식을 먹을 것인가, 뷔페 형식으로 각자가 가져다 먹을 것인가를 결정하여야 한다.

따라서 위의 조건에 의해 요리가 결정되고 또한 식사도구, 서빙 방식, 어울리는 배경 음악 등 테이블 스타일링을 하기 위한 마무리 작업을 하게 된다.

3. 2 테이블 스타일링의 기본요소

테이블 스타일링은 가족 또는 손님들과 함께 식사를 편안하게 할 수 있도록 해준다. 즉 테이블에는 음식과 식기류 등의 다양한 요소들이 구성되어 있으므로 이러한 요소들로 인해서 테이블의 분위기는 즐거움과 흥이 돋워진다. 또한 이들을 통해서 계절감을 느끼게도 해주며, 식사시 자연스럽게 대화의 관심거리를 제공해주는 중요한 역할을 해주기도 한다. 테이블을 구성하는 기본요소에는 리넨, 식기, 커트러리, 글라스류, 센터피스 등이 있다.

1. 리넨 (Linen)

리넨(Linen)이란 영어에서는 마(麻)를 가티키는 용어이지만, 유럽에서는 일반적으로 테이블 위를 구성하는 패브릭의 일체를 말한다. 실내디자인에 있어서 실내분위기를 바꾸는데 가장 쉬우면서 효과적으로 실내 분위기를 바꿀 수 있는 것 중 하나가 패브릭인 것처럼, 식공간에서도 린넨은 테이블의 분위기를 좌우하는 주요한 요소 중의 하나이다. 그리고 린넨은 테이블 스타일링에 있어서 공간의 변화를 가져다 줄뿐만 아니라 입이나 손을 닦을 수 있어 장식성과 실용성을 겸하기도 한다.

1) 리넨의 종류

식공간에서의 리넨이란 러너, 테이블클로스, 플레이스 매트, 냅킨 등을 말하며, 이를 테이블 리넨이라고도 한다.

(1) 러너(runner)

러너란 테이블의 중앙에 세로로 길게 깔아놓는 천을 말한다. 이는 15세기에 테이블클로스를 음식물 흘리는 것으로부터 보호하기 위해 동일 원단으로 만들어 사용했던 것에서 유래되어, 19세기에는 테이블클로스의 대안으로 사용되었으며, 오늘날에는 테이블의 다양한 변화를 시도하기 위한 하나의 방법으로 사용되고 있다.

러너는 대체적으로 테이블클로스나 냅킨보다 두꺼운 천을 사용하며, 폭과 길이 비율은 자유롭게 선택할 수 있다. 그러나 일반적으로 러너의 폭은 테이블 너비의 3분의 1 정도인 약 35~42.5cm이며, 테이블에서 떨이는 길이는 37.5cm 정도이다. 러너는 대체적으로 테이블클로스와 함께 사용하지 않지만, 테이블클로스와 함께 사용하게 될 경우에는 테이블클로스보다 조금 길게 떨어지도록 하는 것이 아름다워 보인다.

그림 1 러너

(2) 테이블클로스(table cloth)

테이블 스타일링에서는 기본적으로 테이블클로스를 사용하게 된다. 그러나 테이블클로스를 깔기 전에 언더 클로스(under cloth)를 깔아주면 좋다. 이는 식기가 미끄러지는 것을 방지해주며, 글라스나 커트러리를 놓았을 때 소리가 나는 것을 방지해 주기 때문이다. 테이블클로스의 크기는 특별히 정해진 것은 없다. 그러나 일상적인 테이블 스타일링에서는 테이블 끝에서 25cm 정도, 격식있는 테이블 스타일링에서는 테이블 끝에서 45cm 정도 아래까지 떨어지도록 한다. 뷔페나 풀 클로스의 포멀한 테이블 스타일링의 경우에는 테이블클로스를 바닥까지 내려오도록 하는 것이 좋다. 그리고 테이블클로스는 테이블의 전체적인 분위기의 중심 역할을 하게 되므로 테이블클로스의 색상, 문양, 디자인 등에 대한 선택은 신중하게 해야 한다. 일반적으로 정찬에서는 흰색이 원칙이지만 최근에는 파스텔 톤 또는 다양한 문양이나 색 등을 사용하여 독특한 개성 연출도 가능하다.

테이블 스타일링의 종류	테이블클로스 길이	테이블 스타일링의 종류	테이블 클로스 길이
Casual의 경우	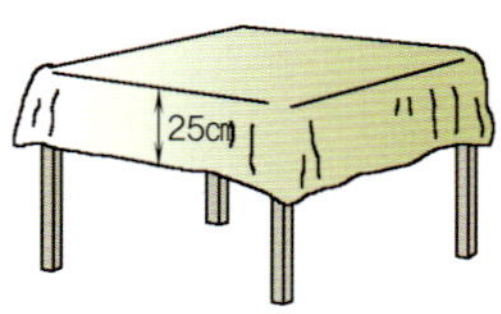 테이블 끝에서 25㎝ 전후	Formal의 경우	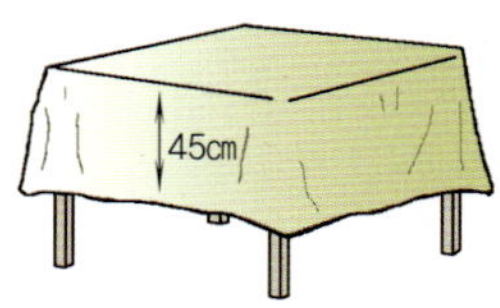 테이블 끝에서 45㎝ 전후
Rond table의 경우	 테이블 끝에서 68㎝ 전후	Buffet의 경우	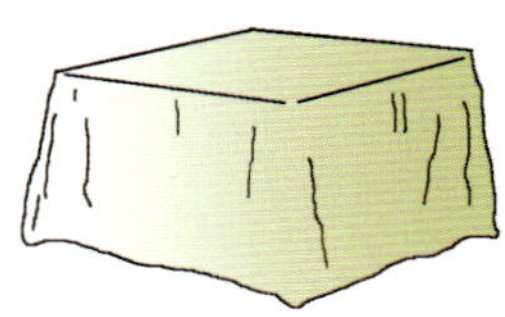 바닥에서 2~3㎝ 정도 올리면 좋다.

표 1 테이블 스타일에 따른 테이블클로스의 길이

(3) 냅킨 (napkin)

냅킨은 옷이 더러워지는 것을 방지하거나 입이나 손을 닦기 위해 놓여지는 천이다. 그러나 상황에 따라서는 냅킨이 테이블을 아름답게 장식하는 하나의 요소가 되기도 한다.

예전 우리나라의 식생활에서는 냅킨의 존재가 중요하지 않았다. 그러나 최근에는 생활수준의 향상에 따라 일반 가정에서도 냅킨 사용빈도가 높아지고 있는 실정이다. 따라서 테이블 스타일링에 있어서 냅킨의 선택은 식기의 색과 패턴, 테이블 클로스 등과 조화를 이루도록 해주고, 특히 냅킨을 예쁘게 접어 테이블을 장식하게 되면 테이블이 한결 부드러워질 뿐만 아니라 초대하는 이의 정성을 느끼게 해준다. 그러나 격식있는 테이블 스타일링에서는 장식용 접기를 피하는 것이 좋다.

① 크기

냅킨은 대부분이 정사각형이며, 크기는 모임의 종류에 따라 다양하게 있다. 즉 정찬용으로는 50×50cm~60×60cm 정도이며, 일상생활용으로는 40×40cm~45×45cm, 티타임으로는 20×20cm~30×30cm, 칵테일용으로는 15×15cm~20×20cm인 것을 주로 사용한다. 또한 30cm×30cm에서 55cm×55cm 크기의 냅킨은 식사 때 무릎에 펴서 사용하기도 한다. 일반적으로 천으로 된 냅킨을 사용하는 것이 원칙이지만 칵테일 파티의 경우에는 종이로 만든 냅킨을 사용하기도 한다.

② 소재와 색

냅킨은 손이나 입에 묻은 음식을 닦고 음식물이 옷에 묻지 않도록 하는 용도로 사용되므로 천연소재가 좋다. 냅킨의 색으로는 일반적으로 테이블클로스와 통일감을 주는 것이 좋다. 그러나 냅킨을 테이블클로스와 대조되는 색으로 구성하게 되면, 냅킨을 강조하는 효과와 더불어 식사분위기가 즐겁고 재미있게 형성되기도 한다.

그림 2 다양한 형태의 냅킨

(4) 테이블 매트 (table Mat)

테이블 매트란 테이블 위에 테이블클로스를 깔지 않고 개인적인 공간을 표현하는 매트만 깔아놓은 것을 말하며, 이는 주로 점심때 많이 이용되므로 런천 매트(Luncheon Mat)라고도 한다.

테이블 매트의 특징으로는 매일 테이블에서 식사를 하더라도 매트만 변화를 주어도 다양한 식사분위기 연출이 가능하다. 또한 테이블 클로스와 식기의 색, 모양 등이 부조화를 이룰 때 테이블 매트가 융화시키는 역할로 사용되기도 한다. 특히 고급스러운 테이블인 경우에는 테이블클로스로 전체를 가리기보다는 매트만을 이용하여 테이블의 라인이나 질감 등을 느끼게 해준다.

테이블 매트의 크기는 일반적으로 45cm×35cm가 적당하지만 테이블의 사이즈와 용도에 따라 변형이 가능하다.

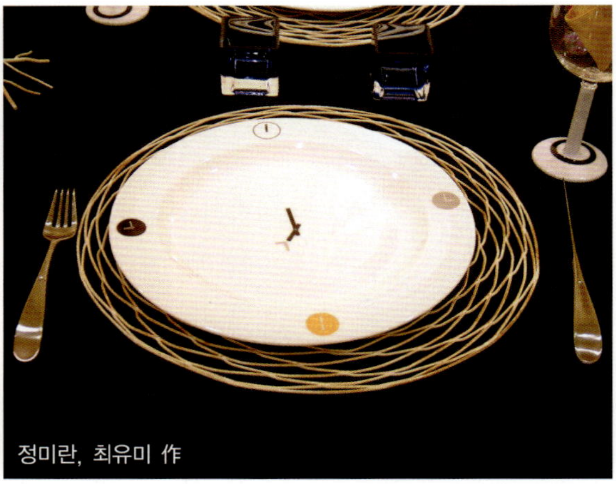

그림 3 테이블 매트의 다양한 종류

2. 식기

식기는 음식을 담아 먹는 그릇들을 총칭하는 것으로서 '차이나' 라고도 한다. 이는 음식과 나라에 따라 그 종류와 가짓수가 매우 다양하다. 서양식기의 경우에는 주요리인 고기를 담기 위한 큰 접시와 빵 접시, 후식 접시 등이 있으며, 우리나라에서는 계절에 따라 겨울철에는 유기식기를, 여름철에는 사기식기를 주로 사용하였다. 식기에 쓰이는 디자인으로는 과거에는 무난한 디자인이 주류를 이루었으나, 최근에는 색이나 문양이 다양하게 있으며 예술적 감각이 높은 디자인의 식기류도 풍부해져 선택의 폭이 넓어졌다.

그림 4 식기의 다양한 종류

1) 식기의 분류

(1) 재질에 따른 분류

식기는 재질에 따라 은식기류와 도자기류 등으로 분류된다.

은식기류에는 순은과 은도금, 스테인리스스틸 등이 있으며, 도자기류에는 토기, 사기, 도기, 본차이나, 자기 등이 있다.

(2) 용도에 따른 분류

식기는 용도에 따라 개인용 식기와 서비스용 식기로 분류된다.

개인용 식기에는 접시, 볼, 컵이 있으며, 또한 접시에는 디너접시, 샐러드접시, 디저트접시, 수프접시 등이 있다. 서브용 식기에는 볼, 음료용기, 굽 달린 접시, 물 주전자, 서빙용 접시, 소금 · 후추통 등이 있다.

2) 식기의 보관

깨끗하게 씻은 식기는 빛이 나지만 취급과 보관하는 방법에 따라 그 빛을 잃어버리기도 한다. 그러므로 식기는 씻는 것뿐만 아니라 보관하는 것에도 유의를 해야 한다. 식기의 보관법으로는 다음과 같다.

- 식기는 가능한 한 수분이 남아 있지 않도록 잘 건조시킨다.
- 식기를 잡을 때에는 식기의 표면에 손이 직접 닿지 않도록 주의를 기울여야 한다. 만약 식기 표면에 지문 등이 묻어 있다면 털이 적은 행주나 면 행주로 깨끗하게 닦는다.
- 고급 접시나 얇은 접시라면 접시와 접시 사이에 종이 타월이나 포장용 에어패킹 등을 접시에서 빠져 나오지 않을 정도의 크기로 잘라 끼워 넣어 사용한다.
- 식기를 쌓아둘 때, 같은 크기와 모양의 물건을 쌓아둔다. 이는 크기나 모양이

다른 식기를 쌓아두면 용기의 무게 때문에 깨질 수 있기 때문이다.

• 컵의 테두리는 가장 손상되기 쉬운 부분이므로 쌓아올려 보관하기보다는 고리로 된 훅에 손잡이 부분을 걸어서 보관하는 것이 좋다.

3. 커트러리(Cutlery)

커트러리란 한식 테이블에서는 수저에 해당되고, 서양식 테이블에서는 스푼, 포크, 나이프 등을 통칭하고 있으며, 이를 플랫웨어라고도 한다. 또한 커트러리 중에서 은으로 된 제품을 제일 고급으로 취급하는데 순은 제품과 도금 제품을 실버웨어라고도 부른다. 이러한 커트러리는 식사의 도구뿐 아니라 테이블의 수준을 결정하는 중요한 기준이 되기도 한다. 커트러리에는 많은 종류가 있으며 목적에 잘 맞게 구분하여 사용하도록 만들어져 있다. 그러나 일반적인 가정에서는 모든 종류를 갖추기에는 매우 어려우므로 사용빈도가 높은 것만을 갖추어 사용하는 경우가 많다. 또한 커트러리는 손잡이 문양에 따라 이름이 붙여지기도 한다. 예를 들면 퀸 엘리자베스, 그랜드 바로크, 치펜데일 등 서양 고가구 문양의 이름을 빌린 것들이 있고, 좀 더 단순하고 현대적인 문양으로 장식한 이스톤, 이티 스크레이프, 러시모어 등이 있다.

그림 5 커트러리의 다양한 종류

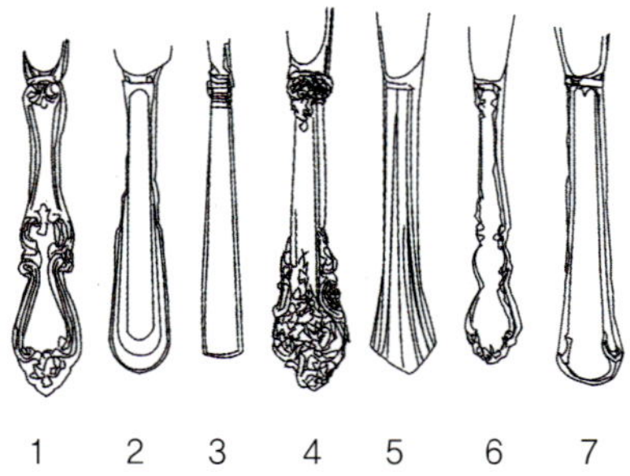

1. 퀸 엘리자베스
2. 시티 스크레이프
3. 이스톤
4. 그랜드 바로크
5. 러시모어
6. 도비
7. 치펜데일

그림 6 커트러리의 명칭

1) 커트러리의 분류

(1) 재질에 따른 분류

① 은과 은도금

② 금도금과 금 전기도금

③ 스테인리스 스틸

④ 기타 : 백랍제품, 나무와 뿔, 플라스틱 등이 있다.

(2) 용도에 따른 분류

커트러리는 사용 대상에 따라 개인 도구와 공동의 도구로 나눌 수 있다. 또한 주식용 나이프와 포크에도 육류용과 생선용에 따라 모양이 조금씩 다르다. 육류용 커트러리는 상당히 큰 편이다. 그러나 생선용은 육류용보다 크기가 조금 작고 손잡이나 칼날 등에 모양이 있으며 칼날이 거의 없어 날카롭지 않다. 예전에는 생선요리용 커트러리는 생선의 비린내 때문에 손잡이가 구분이 되는 디자인을 사용하였으나 최근에는 육류용과 생선용을 특별히 구분하지 않고 겸용으로 사용해도 크게 예의에서 벗어나는 것은 아니다. 샐러드 포크는 생야채가 미끄러지지 않도록 육류용이나 생선용에 비해 폭이 넓고 크기는 약간 작은 편이지만 이것 역시 일반적인 포크를 사용해도 무방하다. 단, 메인 요리와 샐러드는 하나의 포크로 먹지 않도록 별도의 포크를 준비해 주는 것이 좋다.

용 도	형 태	종 류	용 도	형 태	종 류
메인 디시용	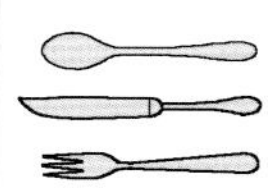	디너 스푼 디너 나이프 디너 포크	디저트용	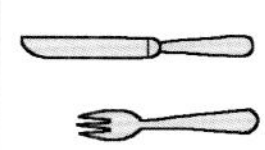	디저트 나이프 디저트 포크
오르되브로, 샐러드용	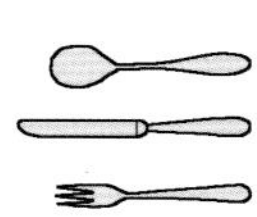	테이블 스푼 테이블 나이프 테이블 포크	케이크용	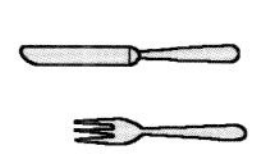	케이크 나이프 케이크 포크
생선요리용	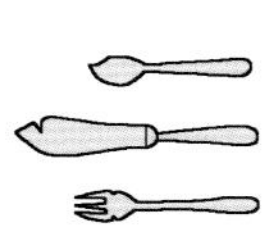	소스 스푼 피시 나이프 피시 포크	수프용	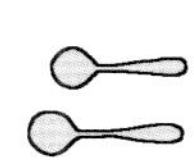	부이용 스푼

표 2 용도별 커트러리류

2) 커트러리의 보관

커트러리 중에서 가장 관리하기 어려운 것은 은으로 만들어진 제품인데, 이는 더운 공기나 먼지, 햇빛 등에 의해서 제품이 쉽게 변색하기 때문이다. 그러므로 순은 제품은 약알칼리성보다는 표백제가 없는 가벼운 세제로 닦고 흐르는 물로 헹군 후 물기를 잘 제거해서 보관해 둔다. 보관방법으로는 적은 수라면 주머니 모양의 커트러리 케이스에 넣거나 한 자루씩 랩으로 싸둔다. 그리고 서랍 등에 보관할 경우는 탈산소제나 실리카겔(건조제), 활성제 등도 함께 넣어둔다. 단, 습기가 있는 플라스틱 백은 은 표면에 닿으면 쉽게 부식시키므로 플라스틱 제품에 은을 보관하는 것은 피한다. 또한 신문지로 은을 포장하여 보관해서도 안 된다.

4. 글라스웨어(Glasses)

식사와 함께 마시는 음료로는 나라마다 여러 가지가 있으며, 또한 글라스나 술잔(酒器), 찻잔(茶器), 물잔(水器) 역시 나라마다 각기 다르다. 그러므로 본 서에서는 서양의 일반적인 글라스에 대해서만 설명하고자 한다.

서양식 테이블 스타일링에서는 주로 유리잔을 많이 사용하기 때문에 글라스웨어라고 한다. 글라스는 입에 직접 닿는 감촉을 통해 거기에 담긴 액체의 향과 맛을 직접 느끼게 해주므로 음료에 맞는 모양을 선택하는 것이 매우 중요하다. 만약 글라스의 색이나 모양만을 고려하여 선택하게 되면 음료가 가지는 본래의 색, 향과 맛을 잃게 되는 경우가 있으므로 글라스를 선택할 때에는 내용물의 성질에 먼저 초점을 맞추어야 한다.

1) 글라스웨어의 종류

글라스웨어에는 식사 중에 제공되는 음료용 글라스와 식전, 식후에 제공되는 음료용 글라스가 있다. 그리고 음료의 종류에 따라 글라스의 모양이나 크기가 달라진다. 글라스의 종류에는 크게 중간의 손잡이 부분이 가는 줄기처럼 생긴 고블렛(goblet)과 위 아래의 크기가 비슷하거나 아래로 갈수록 약간 좁아지는 템블러(timbler)가 있다. 보통 고블렛은 스템웨어라고도 하는데, 이는 물이나 아이스티, 와인, 샴페인, 코냑 등 차가운 음료를 제공하기 위해 볼에 담긴 내용물이 데워지지 않도록 해준다. 그에 비해 템블러는 칵테일이나 음료수잔, 맥주잔 등으로 쓰인다.

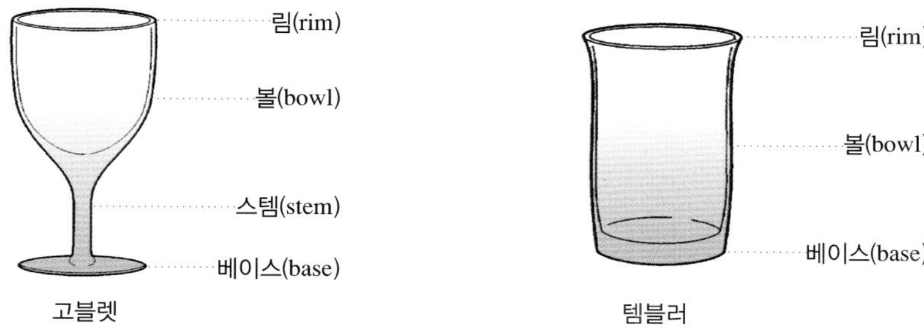

그림 7 글라스의 명칭

글라스 종류	용 도	글라스 종류	용 도
	① 리큐어 글라스 ② 세리 글라스	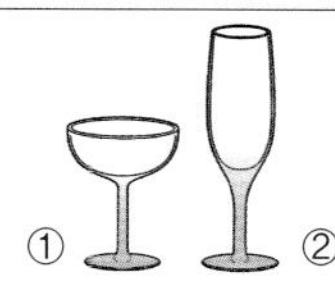	① 샴페인 쿠프(건배용 삼페인) ② 삼페인 뚜르 또는 풀루뜨
	① 백포도주 글라스 ② 적포도주 글라스		① 칵테일 글라스 ② 브랜디 글라스(코냑)
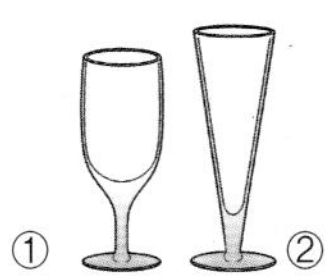	① 고블렛(물, 소프트 드링크) ② 필스너(맥주, 소프트 드링크)	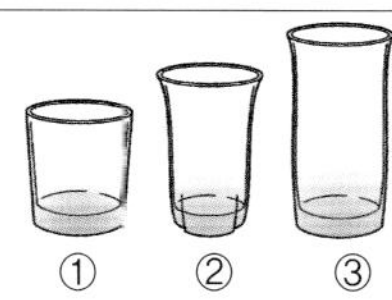	① 올드 패션 글라스(위스키) ② 텀블러(주스, 물, 맥주, 위스키+물) ③ 하이볼 글라스

표 3 용도별 글라스류

2) 글라스웨어의 손질 및 보관

글라스는 식기 중에서 가장 깨지기 쉬우므로 구입 못지않게 손질 및 보관에도 신경을 써야 한다. 또한 깨끗하게 닦아 놓은 글라스도 취급에 따라서는 쉽게 더러워질 수 있으므로 올바른 글라스 다루는 법을 알아두는 것이 좋다.

(1) 글라스 손질하는 방법

- 세제로 닦기

  기름기가 있거나 냄새가 나는 식기 등은 따로 분리해 놓고 중성세제를 푼 미지근한 물에 글라스 전용 스펀지 혹은 브러시로 깨끗하게 닦고 미지근한 물로 헹군다.

- 장식부분의 때나 얼룩 지우기

  장식으로 인해 울퉁불퉁한 부분이 더러워졌을 때는 털로 된 브러시 등에 식초 혹은 레몬과 소금을 혼합한 것을 묻혀서 문지르면 더러운 것이 떨어진다. 에탄올이나 알코올 등으로도 효과가 있다.
- 마른행주로 닦기

  천을 깔아놓은 쟁반에 글라스를 올려놓아 물기를 뺀다. 물기가 어느 정도 빠지면 얇은 마나 면소재의 행주로 뽀드득 소리가 나도록 닦아 보관한다. 이때 글라스를 맨손으로 잡지말고 글라스에 행주를 씌워 그 부분을 잡아서 닦아야 지문이나 얼룩 등이 생기지 않는다.

(2) 글라스 보관하는 방법

- 크리스털 유리는 차갑게 하고 건조시킨 후에 보관한다. 유리잔이 축축하고 따뜻할 때는 습기가 표면에 모여 제거하기가 불가능하기 때문이다.
- 고블렛의 볼은 위쪽을 향하도록 보관한다. 볼을 아래쪽으로 향하게 보관하면 선반 악취와 함께 습기가 볼에 모일 뿐만 아니라 고블렛의 가장 약한 부분인 림이 상하기 쉽기 때문이다.
- 글라스는 직사광선이나 난방에 의한 더운 바람, 에어컨 바람으로부터 멀리 보관한다. 이는 글라스를 직사광선이 있는 곳에 보관하게 되면 유리에 빛이 통과하여 균열이 생기게 되고, 심한 온도변화는 유리를 팽창하거나 수축하게 만들기 때문이다.

5. 센터피스(Centerpiece)

중세 무렵부터 유럽의 상류사회에서는 식사가 끝나면 화려한 은기나 조각품 등 소장하고 있는 예술품을 테이블 중앙에 놓고 즐겼는데, 그것이 센터피스의 원조라고 전해지고 있다. 또한 어원에서 살펴본 센터피스는 '중앙부'와 '놓는 것'이란 두 낱말이 합해져 이루어진 단어이다. 따라서 센터피스란 테이블 중앙에 위치하여 전체적인 분위기를 결정해 주는 메인 장식품으로서, 이는 음식과는 상관이 없지만 식욕을 돋워주고 테이블의 분위기를 연출하는 역할을 한다.

센터피스에는 크게 flower와 Figure(=Attachment)가 있다. 그러나 본 서에서는 flower의 경우, 보다 자세한 설명을 위해서 3.6절에서 소개하고 있으므로 이 절에서는 Figure(피기어)에 대해서만 설명하고자 한다.

Figure(피기어)는 '놓는 물건', Attachment는 '부속물품' 또는 '애착하는 물건’을 의미하며 장식성과 실용성을 동시에 지닌 테이블 위의 소형 장식물을 의미한다.

1) 피기어의 종류

피기어는 식사의 화제성이나 계절감을 표현하여 테이블에서 자연스럽게 대화를 유도하는 장식물이다. 대표적인 물품으로는 네임카드, 냅킨 링, 조미료 세트, 캔들 등이 있다.

(1) 네임카드 또는 네임카드 스탠드

테이블에서 손님들이 앉는 위치는 일반적으로 자유롭지만, 상황에 따라서는 상석과 하석을 필요로 할 때가 있다. 이러한 경우에는 손님들이 우왕좌왕하지 않게 손님들이 앉아야 할 자리를 정확하게 표시해 두는 것이 좋다. 표시하는 방법에는 네임카드나 네임카드 스탠드가 있다. 네임카드 스탠드는 가족이나 적은 인원이 착석한 경우라도 사용하게 되면 색다른 즐거움을 주기도 한다. 네임카드를 만드는 색다른 방법으로는 식물의 잎을 카드 대신으로 사용하여 매직펜으로 기입하거나, 과일이나 채소를 카드 스탠드로 이용하게 되면 재미있는 분위기가 연출될 것이다.

그림 8 네임카드와 네임카드 스탠드

(2) 냅킨 링 또는 냅킨 홀더

냅킨의 경우 초기에는 가족간의 식사에서 자신들의 이름 머리글자를 표시한 냅킨 링에 넣어서 사용되었다. 이처럼 냅킨 링은 냅킨을 구분하는 목적으로 만들어졌으나 오늘날에는 테이블을 장식하는 목적으로 사용된다. 그러나 객식있는 테이블에서는 일반적으로 냅킨 링을 사용하지 않는다. 냅킨 링의 재료로는 은이나 목재, 리본이나 생화, 솔방울 등이 있다.

그림 9 냅킨 링과 냅킨 홀더

(3) 솔트 셀러와 솔트 세이크

솔트 셀러와 솔트 세이크는 식사의 유형에 따라 다르게 사용된다. 소금이 솔트 셀러 안에 들어 있을 때에는 소금 스푼을 사용하지만, 솔트 셀러 안에 들어 있지 않을 때에는 손가락으로 집어서 음식에 뿌린다. 솔트 세이크는 원래 솔트 셀러 안에서 소금이 눅눅해지는 것을 막기 위해 만들어졌다. 이러한 용기는 격식있는 테이블에서는 사용되지 않고 약식에서만 사용된다.

그림 10 솔트 셀러

(4) 캔들과 캔들 스탠드

테이블 스타일링에서 캔들링이란 식사를 곧 시작한다는 의미로서 주로 서양식 상차림에 많이 사용되고 있다. 초를 밝힘으로써 음식의 잡내와 소음 등을 줄일 수 있다. 그리고 촛불의 빛은 그릇이나 유리잔, 커트러리 등과 사람들의 얼굴빛 등을 특별하게 보이도록 해주며, 또한 사람들의 마음을 온화하고 안정되게 해주는 장점이 있다. 캔들을 사용할 때 유의할 점은 식사 중에 초가 녹아 없어지지 않도록 2시간 이상 사용할 수 있는 것을 선택하도록 한다. 테이블에서 캔들의 위치는 테이블 크기에 맞추어 스타일링한다. 그리고 테이블에서의 캔들은 요리의 맛과 향을 살리기 위해 향기나는 제품은 피하는 것이 좋다.

그림 11 캔들과 캔들 스탠드

3. 3 공간크기와 테이블 스타일링의 순서

테이블 스타일링은 보다 즐거운 식사를 위해서 아름답고 자연스럽게 해야 한다. 올바른 방법으로는 테이블을 스타일링하기 이전에 많은 사람들이 모이는 장소라면 가장 먼저 환기, 조명, 음악 등 주변 환경이 적절한가를 체크하여야 한다. 그리고 초대한 사람의 수와 식공간의 크기, 테이블의 크기, 배치 등이 적절한지를 살펴보아야 할 것이다. 따라서 본 절에서는 식공간과 테이블의 크기, 테이블 스타일링의 순서 및 고려할 사항 등을 살펴보고자 한다.

1. 식공간과 테이블의 크기

일반적으로 우리는 식사에 필요한 공간과 테이블의 크기에 대해서 정확히 인식하지 못하는 경우가 많다. 그러나 식사하는 공간과 테이블의 크기는 쾌적한 식사 분위기를 결정짓는데 중요한 요소가 된다. 그러므로 편안하고 쾌적한 테이블 스타일링을 위해서는 필요한 공간의 크기와 좌석 배치 등이 적절하여야 한다.

1) 식공간의 크기

공간에 테이블이 배치되고 나면, 손님이나 서빙하는 사람이 편안하게 움직일 수 있도록 여유공간이 필요하다.

즉 의자에 앉아 식사를 할 때 테이블과 의자의 거리는 50cm 정도가 적당하다. 의자와 벽 사이인 뒷공간은 사람이 지나다닐 수 있도록 60cm 정도가 필요하지만, 서비스를 해야 하는 경우에는 약 80cm 정도의 여유공간이 필요하다. 또한 사람이 의자를 빼고 자리에서 이동을 원할 때 필요한 공간은 테이블에서 의자 빼는 곳까지 90cm 정도가 필요하다.

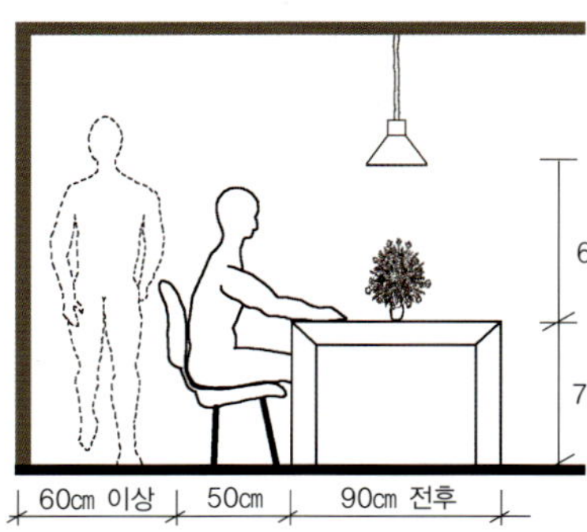

그림 1 가구배치 입면도

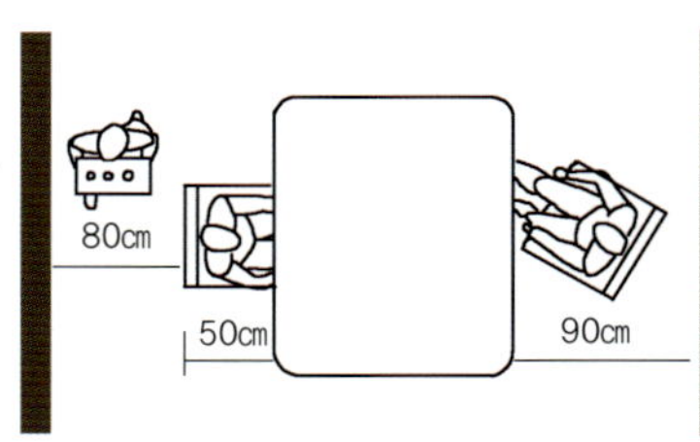

그림 2 의자배치와 공간의 크기

2) 테이블의 크기

테이블의 크기 결정에는 공간의 크기와 사람의 수, 그 움직임의 범위 등에 대해서 반드시 고려되어야 한다.

식사에 필요한 테이블의 크기를 살펴보면, 한 사람당 필요한 크기는 일반적으로 가로 45cm, 세로 35cm 정도이며, 옆 사람과의 간격은 15~20cm 정도이다. 그러나 격식을 갖춘 정찬인 경우에는 사람과 사람 사이의 간격을 더 넓게 해준다. 그리고 사람과 사람이 마주보는 거리는 인체공간의 구성상 가장 친밀한 공간거리인 약 90cm 정도가 알맞다. 따라서 식사를 위한 테이블에는 크게 개인이 사용하는 공간(개인공간, 가로 45cm, 세로 35cm)과 다른 사람들과 함께 사용되는 공간(공유공간)이 존재한다. 즉 공유공간이란, 테이블 폭인 90cm에서 테이블에서 마주앉은 사람들의 각 개인의 영역인 35cm씩을 제외한 나머지 약 20~30cm 정도의 공간을 말한다. 이는 한식 상차림에서는 반찬류로 채워지는 공간이지만, 양식 상차림에서는 여백으로 남겨지는 공간이 되기도 하며, 식사의 분위기를 위해 장식이 되는 조미료 세트, 테이블 플라워, 캔들 등을 스타일링하기도 한다.

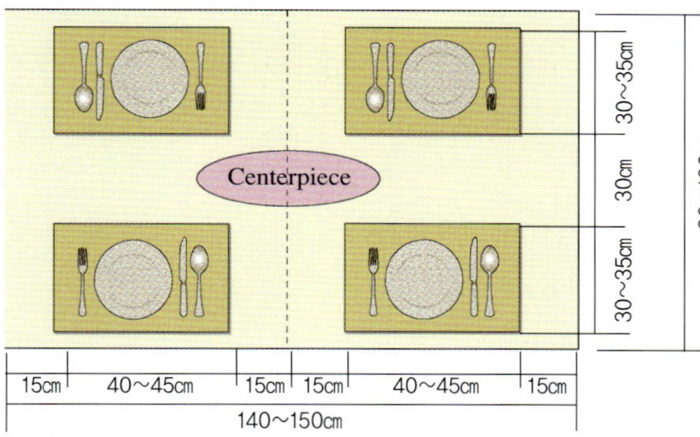

그림 3 테이블 스타일링에 있어서 테이블의 적정 크기

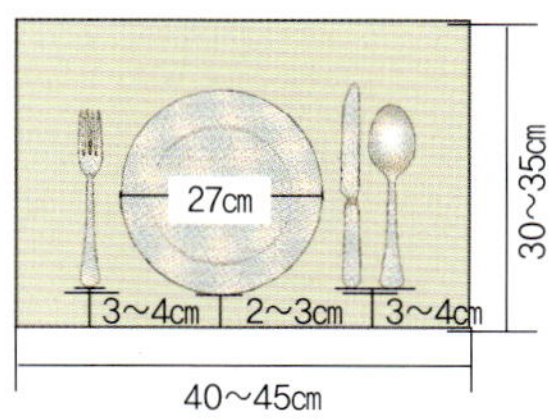

그림 4 테이블의 개인공간 크기

3) 주인과 손님의 좌석 배치

공식적인 장소에 초대를 받고 먼저 도착했을 때 어디에 앉아야 할지 고민하게 되는 경우가 있었을 것이다. 이처럼 좌석의 위치는 매우 중요하므로 초대한 사람은 손님들의 좌석 배치에 신경을 써야만 한다. 일반적으로 유럽과 미국의 사례를 살펴보면, 부부 동반인 경우에는 부부를 바로 옆자리에 앉도록 배치하는 것이 아니라 테이블을 사이에 두고 엇갈려 마주보듯 배치한다. 호스트, 호스티스를 중심으로 우측에 중요한 게스트 부부를 배치하며, 남성과 여성이 번갈아 앉도록 배치한다. 그러나 부부 동반이 아닌 경우에는 호스트와 마주 보는 위치가 가장 중요한 손님의 위치이며, 두 번째 중요한 손님은 호스트의 오른쪽에, 세 번째 중요한 손님

은 첫 번째 중요한 손님의 오른쪽에 앉도록 배치한다.

그림 5 프랑스 스타일

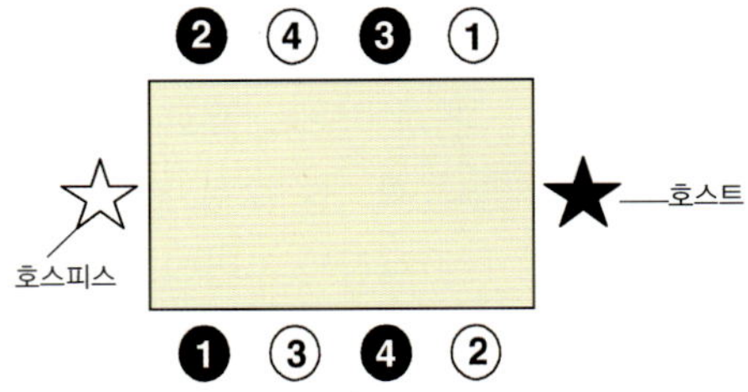

그림 6 영, 미 스타일

※(번호는 게스트들의 상, 하석을 나타내며, 흰색은 여자, 검은색은 남자를 나타낸다)

2. 테이블 스타일링의 순서

테이블 스타일링이라고 하면 일반적으로 장식적인 요소들을 먼저 떠올릴 수도 있다. 그러나 테이블 스타일링의 가장 핵심적인 부분은 테이블을 구성하고 있는 기본적인 요소들을 사용하기 편리하도록 가장 적절한 위치에 배치하여 식사분위기를 쾌적하게 연출하는데 있다. 따라서 쾌적한 분위기 연출을 위한 테이블 스타일링의 순서를 살펴보면 다음과 같다.

1) 언더클로스를 깐다.

언더 클로스는 테이블클로스 밑에 까는 천으로서, 테이프나 핀 등으로 고정시켜 둔다. 이는 테이블 클로스가 움직이지 않도록 해주며, 식기의 미끄럼 방지 및 커트러리나 식기가 테이블에 닿을 때 나는 소리를 줄여줄 뿐만 아니라 식사를 하면서 사람들이 내는 소음도 흡수하는 역할을 한다.

2) 테이블클로스를 씌운다.

테이블클로스의 길이의 경우 제한은 없지만 포멀한 테이블의 경우 클로스를 바닥까지 오게 하며 세미포멀한 경우는 상끝에서 45cm, 캐주얼한 테이블에는 상끝에서 20~30cm 드리워지게 한다. 그러나 경우에 따라서는 언더클로스나 테이블클로스를 사용하는 대신에 테이블 매트나 러너를 사용하기도 한다.

3) 테이블 플라워를 세트한다.

플라워의 최대 사이즈는 테이블 길이의 1/3, 안폭의 1/3, 높이는 눈높이까지이다. 뷔페의 경우 테이블 플라워는 사람이 서있을 때의 눈높이까지 해야 장식 효과가 있다. 경우에 따라서는 테이블 플라워를 사용하지 않아도 무방하다.

4) 식기를 세트한다.

테이블 끝에서 2~3cm 안쪽에 식기자리접시 또는 디너플레이트를 세팅한다. 일반적으로 빵접시는 좌측 상단에 세팅하지만 포멀한 테이블에는 빵접시를 세팅하지 않을 때도 있다.

5) 커트러리를 세트한다.

자리접시 우측 안쪽에서부터 테이블 나이프, 생선용 나이프, 수프스푼, 오더블 나이프 순으로 세팅한다. 좌측에는 테이블 포크, 생선용 포크, 오더블용 포크순으로 세팅한다. 캐주얼한 테이블에는 포크와 나이프를 오른쪽에 함께 세팅하기도 하지만 그 외에는 반드시 나이프와 스푼은 오른쪽에, 포크는 왼쪽에 세팅한다. 디저트용 커트러리는 대개 식기류의 중앙 상단에 세팅한다. 디저트용 스푼은 손잡이가 오른쪽 향하도록 하고, 디저트용 나이프는 손잡이가 왼쪽으로 향하도록 한다. 또한 빵접시가 스타일링될 때에는 반드시 버터 스프레더(Butter spreader)를 함께 세팅한다.

6) 글라스웨어를 세트한다.

자리접시의 우측 상단에 고블렛, 레드와인, 화이트와인, 샴페인 글라스 순으로 세팅한다. 앉은 자리에서 글라스까지의 거리는 35~40cm가 적당하다. 경우에 따라 일렬 또는 삼각형이 되게 글라스를 놓는다. 단, 점심시간에는 글라스의 종류가 다양하지 않아도 된다.

7) 냅킨을 세트한다.

냅킨은 대개 자리접시 위 또는 왼쪽에 세팅하지만, 전체적으로 봤을 때 균형을 이룰 수 있는 위치에 세팅 하는 것이 제일 좋다. 냅킨접기의 경우 아이들 생일상이나 크리스마스 등 캐주얼하거나 특별한 경우에는 재미있는 모양으로 하기도 하지만 포멀한 테이블에서는 심플하게 한다. 소저로는 천 냅킨으로 입을 닦는 것에 대해 불편해하는 사라들도 있기 때문에 천 냅킨과 종이 냅킨을 함께 세팅하는 것도 좋을 것이다.

8) 캔들, 소금, 후추통, 네임카드 등의 휘기어를 세트한다.

포멀한 테이블에서는 점심식사시에도 캔들을 세팅하기도 하지만 초에 불을 켜지는 않는다. 이때에 소금, 후추통이나 네임카드 등을 함께 세팅한다. 네임카드는 글라스 앞에 놓는 것이 균형잡힌 형태이다. 아이의 생일잔치나 친한 친구들을 초대했을 때 직접 만든 네임카드를 선보이는 경우 매우 정성스럽고 친근한 분위기가 형성된다.

① 테이블 클로스
② 디너 플레이트
③ 버터 플레이트
④ ⑩ H・오르되브르옹 포크, 나이프
⑤ ⑧ 생선용 포크, 나이프
⑥ ⑦ 메인리시용 포크, 나이프
⑨ 수프 스푼
⑪ 버트 스프레드
⑫ 물잔
⑬ 적포도주
⑭ 백포도주
⑮ 샴페인

그림 7 정식 테이블 스타일링

3. 4 스타일별 테이블 코디네이션

'스타일' 을 국어사전에서 살펴보면, '미술, 건축, 음악 등에서 어떤 유파나 시대를 대표하는 특유한 형식', 즉 양식(樣式)을 나타내고 있다. 또한 건축용어사전에서는 특정한 시기(로코코, 바로크 등), 작품의 특정한 경향(고전적, 현대적 등)이나 특정한 작가 및 개인적 특성으로 표현한 것을 말한다.

이상에서와 같이 스타일이란 어떤 나라나 특정 사회계층에서 유행했던 또는 역사상 어느 특정 시기에 유행했던 디자인 양식을 말한다. 따라서 스타일에는 다양한 방법으로 표현할 수 있으나 본 서에서는 가장 일반적인 것으로서, 내추럴 스타일, 클래식 스타일, 모던 스타일, 엘레강스 스타일, 캐주얼 스타일, 에스닉 스타일 등에 대해서 살펴보고자 한다.

1. 내추럴 스타일

내추럴 스타일이란 특별한 장식이나 꾸밈없이 자연스러운 모습 그대로를 나타내는 것으로서, 화려하지도 유행에 민감하지도 않고 격식에 얽매이지도 않는 친자연적인 스타일을 말한다. 이는 자연적인 소재와 색채를 사용하여 편안하면서도 친근감을 유도한 디자인이며, 어떤 소재와도 두난하게 잘 어울린다는 장점으로 인해 일반적으로 많이 선호되는 스타일이다.

1) 이미지

자연스럽고 자유로우며 편안하고 부드러운 이미지이다.

2) 색과 패턴

색채계획은 일반적으로 명도는 높고 채도는 낮게 사용한다. 예를 들면, 주조색으로는 베이지, 아이보리 등의 YR계열로 하고, 강조색으로는 자연의 느낌을 주는 색으로 한다. 즉 녹색식물로 조화를 시키거나 자연의 색인 바다색, 꽃의 색인 빨강색이나 보라색, 오렌지색 등으로 포인트를 준다.

패턴으로는 친근한 느낌을 주는 자연적인 문양을 사용한다. 즉 화려한 문양보다 무지 또는 잔잔한 꽃이나 풀, 나뭇잎 등이 좋으며, 그 외 중간색의 페이즐리, 체크, 스트라이프 등을 선택한다.

3) 디자인

내추럴한 테이블 스타일링이란 자연소재를 중심으로 세팅하여 온화하고 편안하게 느껴지는 스타일을 말한다. 따라서 테이블클로스는 없어도 무난하다. 그러나 기존의 테이블 표면이 너무 매끈할 경우에는 테이블클로스를 사용한다. 테이블 클로스의 소재로는 마, 면 등 자연소재로 선택하고, 색상으로는 베이지, 브라운 톤과 옐로, 그린 등의 밝은 톤을 사용한다. 식기로는 소박한 도자기, 나무, 대나무 등 자연적 질감이 그대로 살아 있는 밝은 톤의 식기 또는 풀, 나무 등 자연을 모티브로 한 식기를 사용한다. 식탁의 중앙에는 대나무나 등나무로 성글게 짠 바구니에 신선한 과일과 들꽃을 담아 풍성하게 장식하고, 돌이나 나무를 이용하여 다양한 디자인의 촛대 등을 식탁의 소품으로 활용한다면 자연이라는 배경 없이도 자연의 풋풋함을 만끽할 수 있을 것이다.

4) 대상

편안한 분위기 때문에 가족 중심의 페미니스트들이 선호한다.

그림 1 내추럴 스타일

2. 클래식 스타일

클래식이라는 용어는 라틴어의 '가장 우수한 계급'을 의미하는 'classicus'에서 유래되었으며, 오늘날에는 '일류의, 표준적인, 최고 수준의'라는 의미로 사용되고 있다. 따라서 클래식 스타일이란 고대 그리스 양식에 기원을 두고 이후 로마와 이탈리아를 거쳐 유럽의 근세에 이르기까지 각 시대의 대표되는 디자인을 양식화 한 것을 말한다. 따라서 클래식 스타일이란, 영국식의 전통적인 스타일을 말하며, 이는 호화롭고 격식이 있으면서 안정감 있는 분위기를 연출하고자 할 때 활용된다.

1) 이미지

전통적이면서 기품 있고, 웅장하고 화려함 속에서도 절제된 이미지이다.

2) 색과 패턴

색채계획으로는 일반적으로 저명도, 고채도를 사용한다. 즉 주조색으로는 레드와인 계열이나 네이비블루 계열의 색으로 하고, 강조색으로는 녹색(또는 다크 그린), 금색, 광택 있는 질감 등으로 한다.

패턴으로는 꽃무늬나 추상화된 곡선, 장식적인 전통문양, 전통적인 모티브나 페이즐리 무늬 등이 대표적이며, 그 외에도 금박, 벨벳의 광택 등이 사용된다.

3) 디자인

클래식한 테이블 스타일링은 격식과 형식이 엄격하고 그에 따른 매너도 까다롭지만 가장 정통적인 스타일이다. 따라서 테이블클로스로는 장식성이 풍부하거나 은은한 문양 또는 고전적인 문양이나 손으로 수를 놓은 제품 등이 사용된다. 냅킨은 문양이 없는 흰색 또는 테이블클로스와 세트화하면 더욱 좋다. 만약 테이블이 고급제품이면 테이블 클로스 대신에 고급 레이스나 다마스크 직조로 짠 질 좋은 천으로 만든 매트로 세팅하기도 한다. 식기로는 깔끔한 금장을 테두리에 두른 화려하면서도 품위있는 그릇이나 고상한 문양이 새겨진 고급스러운 자기 또는 본차이나를 사용한다. 그러나 접시의 중앙부분에는 문양이 없는 것이 적합하다. 커트러리로는 은이나 금, 도금 등을 사용하며, 손잡이 부분이 고급스럽고 품위있는 것이 좋다. 글라스류는 화려한 크리스털을 사용하며, 센터피스로는 클래식한 디자인의 화기나 유리, 크리스털 화병을 사용하고, 은 촛대 등으로 악센트를 준다. 이처럼 클래식한 테이블 스타일링은 모든 테이블 웨어를 최상급의 고급스러운 것으로만 사용하므로 아침식사에는 어울리지 않고 정식디너나 격조있는 만찬에 세팅해야 적합하다.

4) 대상

격조감과 깊이감이 내재되어 전통적이고 윤리성을 존중하고 풍요로움을 추구하는 여유있는 계층에서 선호한다. 최고급 코스 요리를 곁들인 정식의 만찬, 결혼식, 부모님 생신 등 격식있는 모임.

그림 2 클래식스타일

3. 모던 스타일

모던은 라틴어의 '바로 지금'이라는 뜻의 어원에서 유래된 것으로서, 오늘날에는 '현대의, 최신의, 새로운'의 뜻으로 쓰인다. 따라서 모던 스타일이란 현대적인 소재를 사용하여 기능성과 실용성을 강조한 디자인으로서, 이전 시대의 장식성과 복잡성을 배제한 산뜻하고 세련된 디자인을 말한다. 그러나 이는 현대적이며 세련미가 있는 반면 지나치게 단순화시킨다면 차가운 느낌이 들므로 자연의 재료를 악센트로 활용하기도 한다.

1) 이미지

현대적이면서 도시적, 합리적이며 절제미가 있는 깔끔하고 이지적인 이미지이다.

2) 색과 패턴

색의 경우, 주조색으로는 무채색이나 금속색 등이 있으며, 강조색으로는 빨강이나 파랑 등의 순색을 사용한다.

패턴으로는 최대한 절제하는 것이 원칙이지만, 때로는 스트라이프, 기하학적인 문양, 바둑판 문양, 몬드리안의 비례 등을 악센트로 사용하기도 한다.

3) 디자인

모던한 테이블 스타일링은 흑과 백 등의 무채색 컬러를 주로 사용하여 세련되면서도 현대적인 식탁 이미지를 말한다. 따라서 테이블의 소재로는 산뜻한 디자인의 감각이 돋보이는 금속, 유리, 가죽 제품 등이 좋다. 테이블클로스로는 일반적으로 면이나 화학섬유의 소재에 모노톤을 사용하지만 경우에 따라서 1~2가지의 색으로 포인트를 주거나, 기하학적 문양 또는 스트라이프 문양를 사용하기도 한다. 식기로는 각이 있는 접시나 스테인리스, 스톤웨어, 유리접시 등 단순하면서 세련된 것을 사용하며, 커트러리는 은이나 스테인리스 소재로서 직선을 강조하거나 손잡이의 색상이나 소재가 특이한 제품을 사용한다. 글라스류는 크리스털보다는 샤프한 스템이 달린 단순한 것이나 기하학적인 형태를 선택한다. 센터피스로는 플라스틱이나 아크릴, 금속 등의 소품을 사용하거나 열매나 나뭇가지잎 등 선을 살린 심플한 것이 잘 어울린다.

4) 대상

특정의 젊은층이나 디자이너 등 특수 직종의 도시적인 경향이 강한 계층에서 선호한다.

그림 3 모던 스타일

4. 엘레강스 스타일

엘레강스는 라틴어 '선발된' 뜻의 어원에서 유래된 것으로서, 오늘날에는 '품위 있는, 우아한, 고상한, 기품이 있는'의 뜻으로 사용된다. 따라서 엘레강스 스타일이란 우아한 색과 고급스러운 소재를 사용하여 섬세하면서도 품위가 돋보이는 평온한 디자인을 말한다. 이는 화려한 이미지와는 정반대의 이미지로서, 부드러운 곡선과 클래식의 엄격한 질서미를 추구하면서도 비교적 간결하고 온화한 느낌을 준다. 즉 클래식 스타일이 정식디너라고 한다면 엘레강스 스타일은 전통적인 것을 고수하기보다 시대에 알맞은 변화성이 있는 우아한 디너를 말한다.

1) 이미지

세련되고 고상하며 우아하고 이지적인 이미지이다.

2) 색과 패턴

색채 계획의 경우, 주조색으로는 중명도, 저채도의 부드러운 톤을 사용하되, 색의 수는 가능하면 적게 한다. 배색방법으로는 그라데이션으로 하거나 색의 대비를 약하게 한다. 섬세한 느낌을 주기 위해서는 부드러운 민트그린, 그레이시한 보라, 밝으면서 채도가 낮은 노란색 등이 효과적이다.

패턴으로는 곱게 흐르는 곡선이나 추상적인 무늬, 고급스러운 꽃무늬 등이 있다.

3) 디자인

엘레강스한 테이블 스타일링은 우아한 분위기를 중시하므로 콘트라스트를 주지 않는 것이 일반적이다.

테이블로는 매끈한 질감의 원목이 좋으며, 테이블클로스로는 분홍빛 리넨이나 레이스로 하거나 또는 무지 천 위에 레이스를 겹쳐서 사용하기도 한다. 냅킨은 화려하지 않으면서 우아한 이미지의 흰색이나 핑크색 등이 좋으나 테이블클로스와 냅킨은 동색 계열로 맞추어 준다. 식기는 흰색, 금색, 은색의 자기나 본차이나를 중심으로 파스텔 톤이나 잔잔한 꽃문양 등을 선택하되, 세트 제품이면 더욱 좋다. 커트러리로는 은(silver)이나 은도금(silver plated) 제품으로서, 손잡이 부분이 고급스러운 것으로 선택한다. 글라스류로는 크리스털 제품이 좋으며, 센터피스로는 고급스러운 도자기 인형이나 은제품의 소금·후추통, 양초, 은은한 색의 꽃 등이 있다.

4) 대상

감각이 풍부하고 세련된 30대 이후의 여성들이나 온화한 분위기를 좋아하는 계층에서 선호한다.

연인을 위한 프러포즈용, 발렌타인 데이(valentine day), 어머니의 생신, 결혼기념일 등을 위한 모임에 적합하다.

그림 4 엘레강스 스타일

5. 캐주얼 스타일

캐주얼은 라틴어 '일어난 일의' 뜻의 어원에서 유래된 것으로서, 오늘날에는 '우연의, 되는 대로의, 약식의(informal)'라는 의미로 쓰인다. 따라서 캐주얼 스타일이란 양식이나 제약에서 벗어나 질감이 다른 소재들을 규칙없이 자유롭게 조합시키거나 다양한 색상과 화려한 톤을 사용하여 억제된 느낌 없이 감정을 자유롭게 표현한 디자인을 말한다. 이는 점잖고 부드러운 이미지와는 정반대의 이미지로서, 활동적이고 생동감 있고 개방적인 분위기를 연출하고자 할 때 활용된다.

1) 이미지

자유롭고 활발하며, 편안하고 개방적이며 건강한 이미지이다.

2) 색과 패턴

색채계획으로는 모든 색상을 대상으로 고명도에서 저명도까지, 그리고 고채도에서 저채도까지 폭 넓은 선택이 가능하다. 따라서 이는 강렬하고 화려한 톤의 다양한 색상과 밝은 톤을 사용하여 억제된 느낌이 없이 감정을 자유롭게 표현한 배색이 좋다. 그러나 너무 많은 수의 색상을 사용하면 오히려 분위기가 산만해질 수 있으므로 2~3가지 색으로 한정시켜 젊고, 밝은 느낌으로 정돈한다.

패턴으로는 큰문양이나 체크, 물방울 문양, 스트라이프 등이 있다.

3) 디자인

캐주얼한 테이블 스타일링은 특별한 양식이나 형식에 제약없이 자연스러운 스타일이다. 이러한 스타일은 소재보다 색상이나 패턴에 따라 다양하게 나타낼 수 있다. 즉 테이블크로스는 흰색 또는 아이보리색으로 하고, 탑 클로스나 매트는 산뜻한 원색의 무지로 하거나 체크나 스트라이프, 큰문양 등을 사용한다. 예를 들면 격자 문양의 테이블클로스에 물방울 문양의 냅킨을 놓거나 꽃 문양의 테이블클로스에 스트라이프문양의 냅킨을 매치시킨다. 또는 테이블클로스를 비비드 컬러로 하거나 다양한 소재의 매트를 활용할 수도 있다. 식기로는 원색의 화려한 식기나 우리나라 전통의 옹기도 활용 가능하며, 식기를 배치할 때 다양한 색조를 혼합하여 조화를 이루는 것도 하나의 아이디어가 될 수 있다. 식기의 소재로는 자기, 도기, 스톤웨어, 나무, 아크릴, 플라스틱 등이 있다. 글라스나 커트러리는 고급스러운 것보다 심플하거나 재미있는 디자인이 좋다. 즉 글라스류로는 스템(stem)이 두껍고 장식성이 없는 것이나 색이 있으면서 귀엽고 활발한 문양의 유리잔을 활용한다. 커트러리로는 손잡이가 플라스틱, 메탈, 나무 등의 다양한 소재를 사용하며, 식사의 처음부터 끝까지 한 개의 나이프와 포크를 사용해도 무방하다. 센터피스로서 꽃은 유리화병에 색이 선명한 것을 선택하거나 작은 잔에 1~2송이만 꽂아 둔다.

4) 대상

어린이나 편하고 자유로운 스타일을 좋아하는 20대 전후의 젊은 세대에서 선호한다. 아침식사, 약식의 점심, 원색의 화려한 어린이 생일 파티, 가든 파티 등에 적합하다.

그림 5 캐주얼 스타일

6. 에스닉 스타일

사전적인 정의로서 에스닉은 '인종의, 민족의, 민족학의, 민족 특유의, 소수민족의' 라는 뜻이 있다. 그러므로 에스닉 스타일이란 유럽 이외의 세계 여러 나라 민족의 생활풍습, 민족의상, 장신구 등에서 영감을 얻어 디자인한 것을 말한다. 이는 초기에는 서양적인 관점에서 보는 동양적인 것을 의미했었으나 최근에는 다국적인 경향으로 새롭게 재해석되고 있는 실정이다. 따라서 에스틱 스타일은 어떠한 나라를 배경으로 스타일링을 할 것이냐에 따라 다양한 소재로 연출될 수 있다.

1) 이미지

민속적이고 토속적인 개념으로서, 소박하고 따뜻하며 간결하면서도 부드럽고 섬세한 이미지이다.

2) 색과 패턴

색채계획으로는 주조색으로 흙이나 나무색, 카키색 등의 자연을 닮은 색을 선택하고, 강조색으로는 붉은색, 오렌지색, 노란색 등 화려한 원색을 선택한다.

패턴으로는 페이즐리나 기하학적인 문양 또한 손으로 직접 그린듯한 투박한 것이 좋다.

3) 디자인

에스닉한 테이블 스타일링에서는 일반적으로 오리엔탈풍의 강렬한 색감과 질박한 소재를 많이 사용한다. 테이블클로스는 오렌지 계통이나 검정빛이 도는 베이지색을 많이 사용한다. 또한 서로 다른 톤의 컬러 매치로 화려함이 돋보이는 수직물(手織物)이나 장식기법을 적용하는 것도 하나의 방법이 될 수 있다. 예를 들면, 테이블클로스 보다는 얇은 카펫이나 실로 엮어 만든 다용도 매트 등을 사용하고, 여기에 태국, 인도네시아, 중국산 소품들을 적재적소에 배치하면 이국적인 분위기를 더해준다. 식기로는 투박한 느낌의 소재, 즉 흙색이나 짙은 갈색 톤의 생활자기나 빛바랜 목기류, 문양이 있는 금속 그릇 등이 좋으며, 동남아 식탁에 어울리는 큰 바나나 잎은 보조 접시의 역할로 활용 가능하다. 커트러리는 자연적인 소재, 즉 조개류, 나무, 동물의 뼈, 대나무 등을 모티브로 한 젓가락이나 스푼이 좋으며, 숟가락이나 포크는 냅킨과 함께 부드러운 나무줄기나 풀잎 등으로 자연스럽게 묶어 이국적인 분위기를 연출하면 된다. 글라스류는 강렬한 색이 인상적인 유리잔이나 나무의 열매 및 껍질의 느낌이 나는 자연소재의 제품이 좋다. 센터피스로는 지역을 상징하는 민예품, 커다란 잎사귀, 나무나 왕골 소품, 꽃, 목각인형, 드라이 플라워 등이 있으며, 또한 열대 과일이나 음료를 담은 바구니, 토분에 담긴 꽃 등을 활용한다.

4) 국가별 에스닉 스타일의 연출

국 가	장식적 요소	컬러의 패턴
인도 (Indo)	- 화려한 비즈로 장식 - 식물의 문양인 페이즐리	- 검은 빛의 붉은 색이나 짙은 푸른색
인도네시아 (Indonesia)	- 목재, 도기 등 원시림을 연상케하는 것 - 기하학적인 문양이나 새, 꽃 등의 디자인	- 현란하고, 화려한 원색의 컬러 프린트
아프리카 (Africa)	- 모로코풍, 대자연이 연상되는 이미지, 목각 제품 - 동물의 형상을 이용한 린넨류와 에스닉 모양의 접시	- 검은색과 오렌지색
스페인 (Spain)	- 이국적인 프린트, 화려한 색상	- 붉은 색과 초록색 - 지중해의 쪽빛
중동 (Middle East)	- 사람, 동물, 꽃, 과일 등을 포함하는 아라베스크 문양 - 이슬람의 독특한 장식미술인 당초무늬나 기하학적 문양의 조합	- 짙은 나무색이나 흙의 색
아르헨티나 (Argentina)	- 거친면의 도자기 - 구리로 만든 장식 소품	- 은기를 주로 한 검은색과 오렌지색의 조화 - 노란색과 파란색

표 1 국가별 에스닉 스타일의 연출

5) 대상

여름철이나 늦가을철의 상차림, 자연의 맛과 멋을 살린 이국적인 상차림에 적합하다.

그림 6 에스닉 스타일

3. 5 계절별 테이블 스타일링

우리나라의 기후는 4계절이 뚜렷한 특징을 가지고 있으므로 우리는 자연으로부터 4계절을 경험하게 된다. 이러한 경험은 자칫 지루하기 쉬운 일상의 공간에 변화를 주는데 필요한 좋은 모티브가 되기도 한다. 따라서 테이블을 세팅할 때 각각의 계절에 해당되는 소재들을 적극적으로 활용한다면 계절별 특색을 살릴 수 있는 테이블 스타일링이 될 수 있다.

1. 봄

봄이 되면, 햇살은 따뜻해지고, 모든 식물에서는 싹이 돋아나는 신비한 생명력과 상쾌한 생동감을 느끼게 한다. 따라서 봄의 이미지로는 따스함, 새싹, 햇살 등으로 표현할 수 있다. 또한 봄의 이미지를 모티브로 하여 테이블 스타일링하고자 한다면, 테이블 스타일링의 기본요소들을 봄을 연상시키는 색으로 사용하거나 봄에 피는 꽃 등으로 포인트를 준다.

1) 봄철 스타일링의 요소

① 봄의 색

봄은 모든 식물에서 싹이 돋아나는 계절이다. 그러므로 봄철에 우리들이 자연으로부터 볼 수 있는 색으로는 나무의 떡잎 색과 햇빛에 의한 잎의 녹색 띤 황색(lemon yellow)이 있으며, 또한 꽃들로부터 흰색, 분홍색, 노랑색 등 여러 가지 색들을 볼 수 있다. 그 외 들판의 보리색, 그리고 하늘의 색, 물의 색 등이 있다.

② 봄꽃

이른 봄꽃으로는 할미꽃, 제비꽃, 민들레, 개나리 등과 과수들(사과, 배, 복숭아 등)의 꽃이 있다. 그리고 5월이 되면 철쭉, 모란, 라일락, 붓꽃 등이 있으며, 원예식물로는 튤립, 히아신스, 팬지 등이 있다.

③ 패브릭

봄에는 가벼운 패브릭을 사용하되 포근한 느낌이 나는 것을 선택하도록 한다. 이를 위해서는 원단의 두께나 소재의 특성 못지않게 색이나 패턴도 중요하다. 따라서 봄의 패브릭 소재로는 면, 옥스퍼드, 벨루어, 리넨 등이 있으며, 색으로는 산뜻하면서도 부드러운 파스텔색이 잘 어울린다. 패턴으로는 꽃무늬나 리본 등을 사용한 아기자기한 것이 좋다.

그림 1 봄의 색

튤립 개나리 철쭉

그림 2 봄에 피는 꽃

2) 봄철 테이블 스타일링

봄을 위한 테이블 스타일링의 포인트는 산뜻함이다. 이를 위한 테이블 스타일링의 예를 살펴보면 다음과 같다.

- 테이블클로스와 냅킨의 경우, 색상은 화사한 색으로 선택하되 패턴에는 변화를 주는 것도 좋다. 즉 스트라이프 패턴이나 폴카 도트(물방울 무늬), 체크 패

턴 등 캐주얼한 감각이 살아있는 패턴은 식탁에 생동감을 더해준다.

- 테이블클로스의 패턴이 강한 편이라면 냅킨은 컬러만 통일시켜 준다.
- 흰색 테이블클로스를 깔고 진달래색 플레이스 매트와 냅킨을 놓아둔다. 식기는 흰색 사기를 사용하며, 테이블 플라워로는 안개꽃에 짙은 보라색과 분홍색 꽃으로 장식한다.
- 노란색 테이블클로스를 깔고 식기와 글라스류는 분홍색이나 노란색으로 놓아둔다. 그리고 센터피스는 백색 사기 소품으로 선택한다.
- 센터피스로는 봄철의 과일이나 소박한 봄꽃들을 자연 소재의 바구니에 넉넉히 담아서 둔다. 그리고 꽃은 작고 아기자기한 것일수록 봄의 느낌으로 더 잘 표현된다.

그림 3 봄철 테이블 스타일링

2. 여름

여름철에는 날씨가 매우 덥고 습도도 높기 때문에 시원한 것을 찾게 된다. 그러므로 여름철에는 얇고 까칠한 소재의 리넨류나 등나무 소품 등을 사용하거나 청량감 있는 색 등으로 연출하게 되면 더욱 상쾌한 디자인이 될 것이다.

1) 여름철 스타일링의 요소

① 여름의 색

여름철이 되면 나무는 진한 녹색을 띠며, 하늘은 감청색, 태양은 백색광이 된다. 그리고 바다는 cobalt green을 띠며, 작열하는 태양으로 인해 모래와 조개, 파도 등은 금색과 흰색을 나타내고 있다. 따라서 우리가 여름을 연상하며 떠올릴 수 있는 색으로는 청색과 녹색, 화이트 등이 될 것이다.

② 여름 꽃

식물들은 여름이 되면 햇빛을 듬뿍 받아 광합성을 하여 생장에 필요한 영양분을 만들어 낸다. 그러므로 여름은 생장의 계절이며, 전체 식물의 70% 정도가 여름에 꽃을 피운다. 대표적인 여름 꽃으로는 칸나, 샐비어, 봉숭아, 꽃창포, 백합, 맨드라미, 과꽃, 나팔꽃, 분꽃, 글라디올러스, 수국, 무궁화, 해바라기 등이 있다.

③ 패브릭

더운 여름에는 무엇보다 상쾌한 기분을 유지하는 것이 중요하므로 여름용 패브릭의 선택은 소재를 가장 우선 순으로 하고 그 다음으로 색과 패턴을 고려한다. 여름철 패브릭의 소재로는 바람이 잘 통하고 깔끔한 감촉과 얇고 시원한 마(모시와 삼베), 시어, 타월, 광목 등이 있다.

그림 4 여름의 색

글라디올러스 해바라기 나팔꽃

그림 5 여름에 피는 꽃

2) 여름철 테이블 스타일링

여름철 테이블 스타일링하는 방법을 살펴보면 다음과 같다.

- 자연의 색이나 재료를 활용한다. 즉 테이블클로스는 깊은 바다의 색으로 하고, 식기는 강렬한 대비를 주는 투명한 유리를 사용한다. 센터피스로는 여름 휴가지에서 흔히 얻을 수 있는 산호와 각종 조개 껍질, 나무토막, 이끼 등을 활용한다. 조개껍질의 경우, 작은 사이즈는 양념 접시로 큰 사이즈는 메인 접시로 사용할 수도 있다.
- 원색을 사용한다. 즉 테이블클로스는 빨간색으로 하고, 식기는 흰색으로 하거나 또는 고채도의 황색, 빨간색, 파란색 등 삼각형 보색 조화를 활용한다. 이처럼 원색의 활용은 무더운 여름날에 생기 넘치고 경쾌한 분위기 연출에 유용하다. 그러나 그릇을 원색으로 사용하고자 할 경우, 작은 그릇은 답답해 보일 수 있으므로 커다란 접시나 투명한 재질이 좋다.
- 테이블클로스가 답답해 보일 때는 시원스러운 마 소재의 러너만을 깔거나 대나무 등의 소재로 만든 테이블 매트로 테이블클로스를 대신한다.
- 꽃은 일반적으로 수반보다 투명한 글라스에 꽂는 것이 더 시원하게 연출된다. 또한 여러 개의 글라스를 일렬로 배열하고 꽃을 한 송이씩 꽂는 것도 시각적으로 시원하게 보이도록 하는 한 방법이 될 수 있다.
- 여름철 휴가지에서의 테이블 테크닉으로는 글라스를 초를 보호하는 촛대로 사용한다. 이는 바람에 촛불이 꺼지는 것을 방지해 준다.

그림 6 여름철 테이블 스타일링

3. 가을

가을이 되면 식물들이 뿌리와 줄기를 위해 잎을 떨어뜨리므로 가을은 낙엽의 계절이기도 하며, 열매를 익히고 씨를 만드는 결실의 계절이기도 하다. 그리고 사람에게 있어서 가을은 쌀쌀한 바람이 간간이 불어와 마음까지 차분해지는 계절이기도 하지만 가끔씩 기분을 가라앉게 하여 우울해지기도 하는 계절이다. 그러므로 테이블의 연출은 부드러우면서도 포근하고 풍요로운 느낌이 나도록 하는 것이 좋다.

1) 가을철 스타일링의 요소

① 가을의 색

가을이 되면 들판의 곡식과 과수들의 열매로부터 붉은색, 갈색, 주황색 등을 볼 수 있다. 또한 가을의 하늘에서는 진한 cobalt blue, 나뭇잎에서는 황색이나 붉은 산호색 단풍잎, 떨어진 낙엽색 등을 보게 된다. 따라서 우리가 가을을 연상하며 떠올릴 수 있는 색으로는 짙은 갈색이나 주황, 탁한 빨강 등이 있다.

② 가을 꽃

가을이 되면 열매들은 풍성하지만 꽃은 꽃을 피우는 전체 식물의 약 14.5%만이 피어 있다. 가을철 꽃으로는 여름에 피기 시작하여 10월까지 계속 피는 꽃들과 함께 국화, 코스모스, 갈대, 억새, 포인세티아, 과꽃, 달맞이꽃, 무궁화, 백일홍, 사프란, 쑥부쟁이, 월계수, 채송화, 칸나 등이 있다.

③ 패브릭

가을에 주로 사용되는 패브릭으로는 태피터, 코듀로이(골덴), 펠트 등이 있다.

태피터는 빛에 따라 색깔이 달라지는 투톤컬러를 갖는 특징이 있으며, 특별하게 모양내지 않아도 그 자체만으로 우아한 멋을 낸다. 그러므로 테이블 매트나 러너 등을 태피터로 장식하면 한결 고급스러워 보일 것이다. 코듀로이는 표면에 골과 부드러운 털로 인해 색에 따라 세련되면서 모던하거나 또는 클래시컬한 멋이 있다. 모섬유를 눌러 만든 펠트는 안과 밖이 같으며, 보풀이 일어나지 않고 보온성이 뛰어나 가을뿐만 아니라 겨울에도 사용하면 좋다.

그림 7 가을의 색

사프란 국화 갈대

그림 8 가을에 피는 꽃

2) 가을철 테이블 스타일링

가을철 테이블 스타일링의 포인트는 넉넉하고 여유있는 가을의 분위기가 담기도록 하는 것이다. 이를 위한 방법으로는 다음과 같다.

- ■ 테이블클로스는 연한 베이지색으로 하고, 러너나 냅킨은 와인 컬러나 브라운 계열의 컬러로 테이블에 포인트를 준다. 그리고 너무 각지거나 키가 크지 않은 초를 얹게 되면 가을 분위기에 어울리게 된다.
- ■ 센터피스로는 가을에 생산되는 곡식이나 과일의 갖가지 색을 투명한 볼에 담아서 낸다. 또한 투박한 느낌이 드는 나무 쟁반에 가을철 과일을 여러 개 늘어놓을 수도 있다.
- ■ 또 다른 방법의 센터피스로는 플라워 숍에서 쉽게 구할 수 있는 긴 나뭇가지를 적당한 길이로 잘라서 세로로 길게 놓고 분위기에 맞는 작은 열매들을 주

위에 늘어놓는 방법도 있다.

- 가을의 소재로 낙엽만큼 계절감각을 잘 나타내 주는 것도 없다. 예를 들면 단순하게 느껴지는 와인 글라스를 낙엽으로 감싸보거나, 와인 글라스의 받침으로 낙엽을 활용한다. 또한 낙엽에 이름을 써서(물감 등을 이용) 네임카드로 활용할 수도 있다. 이처럼 낙엽은 테이블 스타일링에 있어 다양한 용도로 활용될 수 있는 좋은 아이템이 되며, 이러한 작은 정성이 손님으로 하여금 가을의 풍요로움을 느끼게 할 수 있을 것이다.

그림 9 가을철 테이블 스타일링

4. 겨울

겨울은 차가운 날씨로 인해 따뜻한 곳을 찾게 되는 춥고 쓸쓸한 계절이다. 또한 겨울은 눈과 얼음의 눈부심이 있는 계절이기도 하며, 크리스마스라는 이벤트가 있는 계절이기도 하다. 따라서 겨울이 주는 쓸쓸한 이미지는 가을에 느껴지는 쓸쓸함에 비해 훨씬 화려하게 느껴질 수도 있다.

1) 겨울철 스타일링의 요소

① 겨울의 색

겨울철 쉽게 볼 수 있는 색으로는 하얗게 쌓인 눈의 흰색, 차가운 얼음의 은색, 난로에 타오르는 불꽃 색, 붉은 포도주 색 등이 있다. 그리고 겨울철 화려한 분위기에 어울리는 색으로는 금색, 초록색, 빨간색, 주황색 등이 있으며, 이들은 주로 겨울철 분위기를 나타내는 포인트 색으로 이용된다.

② 겨울 꽃

우리나라의 겨울은 춥고 건조하지만 열매나 꽃을 피우는 식물도 있다. 남부 지방에서는 약 20여 종의 식물이 겨울에도 꽃을 피운다. 즉 1월에는 수선화, 복수초, 2월에는 동백나무, 매화나무에서 꽃이 핀다. 그리고 남천, 죽절초, 식나무 등은 가을에 맺은 열매가 겨울까지 달려있다. 따라서 겨울철의 꽃으로는 수선화, 복수초, 동백나무, 매화나무, 금잔화, 보리수, 스노우드럽, 스토크, 시클라멘, 카네이션, 크로카스, 프리지아, 베고니아(4철), 제라늄(4철) 등이 있다.

③ 패브릭

겨울철 패브릭으로는 모직, 실크, 벨벳, 인조가죽 & 인조밍크, 코듀로이(골덴) 등이 있다.

그림 10 겨울의 색

수선화

동백나무

매화나무

그림 11 겨울에 피는 꽃

실크는 대표적인 고급소재로서 화려한 컬러로 유명하며 광택이나 촉감이 매우 뛰어나다. 벨벳은 표면이 매우 부드러우며 고급스럽다. 인조가죽은 가죽의 느낌 그대로를 살려 가공한 실용적인 합성 소재로서, 모던하고 심플한 디자인의 소품에도 잘 어울린다. 코듀로이는 골의 굵기가 다양하여 골의 굵기에 따라 다양한 느낌을 갖는다.

2) 겨울철 테이블 스타일링

겨울철 테이블 스타일링의 포인트는 따뜻하고 포근한 느낌을 주는 것이다. 이를 위한 방법으로는 다음과 같다.

- ■ 테이블클로스는 따뜻한 계열의 색으로 하고, 소재는 코듀로이나 누빔처리를 사용하면 한층 포근한 분위기가 연출된다. 식기로는 토속적인 옹기나 도기, 일본풍의 나무 식기 등이 어울린다.
- ■ 센터피스로서의 꽃은 동백꽃의 강렬한 붉은 색과 윤기있는 짙은 녹색의 잎 등으로 활용한다.
- ■ 크리스마스일 경우에는 붉은 색과 흰색, 초록색, 금색 등을 활용하여 테이블을 꾸미고, 센터피스로는 빨간 열매, 호랑가시 나무, 담쟁이 덩굴 등과 금색을 이용한 소품 등을 활용하면 좋다.

그림 12 겨울철 테이블 스타일링과 요소들

3. 6 테이블 플라워디자인

플라워디자인(플라워 어레인지먼트)이란 일상의 생활공간에 예술의 기본 원리를 응용하여 때(time)와 장소(place), 목적(object)에 맞도록 아름다운 형태를 조형하는 생활예술을 말한다.

일반적으로 꽃의 향기나 아름다움을 싫어하는 사람은 없을 것이다. 그러므로 플라워 디자인은 감정적인 느낌과 미학적인 표현이 결합될 수 있고, 꽃을 통해 공간의 장식적 효과뿐만 아니라 기쁨과 슬픔, 사과와 화해, 감사와 애정 등을 표현할 수도 있는 장점이 있다. 따라서 테이블 스타일링의 경우, 사회적 교류와 커뮤니케이션의 장으로서 그 중요성이 있으므로 테이블 플라워 디자인은 모임의 연령층, 라이프 스타일, 식사의 취향, 취미 등을 고려하여 모임의 목적에 맞는 컨셉에 기본적인 틀을 두고 독창적으로 연출하게 된다. 테이블 플라워 디자인은 오감 중에서 70~80%를 차지하는 시각을 색채로 자극하여 식욕을 촉진시킴과 동시에 꽃이 지닌 향기로 후각을 자극하여 식욕에 영향을 줄 수 있는 기능적인 특성이 있다.

1. 플라워 디자인의 기능과 역할

테이블 스타일링에 있어서 플라워 디자인의 기능과 역할로는 다음과 같다.

1) 계절감을 준다.

플라워 디자인의 재료를 해당 계절의 꽃이나 식물로 활용하면 자연스럽게 테이블에서 계절을 느낄 수 있다. 예를 들면, 봄에는 개나리, 벚꽃, 진달래, 버들강아지 등이 있고, 여름에는 포도나 해바라기, 다알리아 등이 있으며, 가을에는 낙엽이라든가 밤나무, 밤송이, 코스모스, 국화 등이 있다.

2) 생동감을 준다.

테이블의 기본요소들이 대부분 평면적인 것에 비해 플라워 디자인은 입체적이다. 그러므로 플라워 디자인의 입체감은 테이블을 생동감 있게 만들어 준다. 또한 플라워 디자인에 있어서 색을 보색대비로 할 경우, 즉 초록색과 빨강색으로 디자인하게 되면 활기찬 느낌을 주면서 테이블 전체에 생동감을 주게 된다.

3) 테이블의 의미나 성격을 전달할 수 있다.

꽃이나 식물에는 여러 가지 상징적 의미가 있다. 그러므로 플라워 디자인은 꽃이나 식물을 통해서 테이블의 의미나 성격을 전달할 수 있다. 예를 들어 부활절에는 달걀을, 추수 감사절에는 호박을 사용하면 테이블의 주제가 강조된다. 그리고 빨강 장미의 꽃과 잎으로 만든 하트모양은 발렌타인 기념이라는 의미를 전달할 수 있으며, 또한 꽃말들을 통해서 감사, 축하, 조의, 용서, 사랑 등을 전달할 수 있다.

4) 긍정적인 분위기로 유도할 수 있다.

플라워 디자인에 활용되는 꽃이나 식물들은 사람들에게 심리적으로 편안함과 안정감을 주며, 또한 자연의 신비로움과 아름다움을 느끼게 해준다. 예를 들면, 식물의 잎은 다른 인위적인 장식품에서 찾아볼 수 없는 식물 특유의 질감을 제공해 주며, 잎의 색인 초록색은 사람들에게 부드러움과 편안함을 느끼게 해준다. 그리고 꽃의 다양한 색과 형태는 사람들에게 지각 기능을 적절히 자극해줌으로써 테이블 공간을 긍정적인 분위기로 유도해 준다.

5) 색채구성을 명확하게 해준다.

테이블 스타일링에 있어서의 플라워 디자인은 테이블의 기본요소들(리넨과 식기 등)과 조화를 쉽게 이룰 수 있으므로 일상의 어떤 재료들보다 경제적이고 손쉽게 테이블 전체의 색채구성을 명확하게 해 준다.

2. 플라워의 형태

꽃을 형태별로 분류한다는 것은 수많은 종류의 꽃들을 형태와 특성에 맞추어 합리적으로 활용하기 위한 것으로서, 이는 플라워 디자인을 보다 아름답게 만드는데 목적이 있다. 플라워의 형태로는 크게 4가지로 분류되며, 그 특성을 살펴보면 다음과 같다.

1) 라인 플라워

라인 플라워는 한줄기에 많은 꽃들이 이삭모양으로 붙어 있는 선적인 꽃으로서 플라워 디자인의 기본골격이라 할 수 있다. 따라서 곧고 긴 줄기가 특징인 라인 플라워는 줄기(선)를 이용하여 직선 혹은 곡선의 형태를 구성하는 역할을 하거나 윤곽 또는 뻗는 것을 표현할 때 주로 사용한다. 대표적인 꽃으로는 글라디올러스, 용담, 개나리, 금오초, 보리, 스톡, 인동, 리아트리스, 델피니엄 등이 이에 속한다.

개나리

글라디올러스

리아트리스

그림 1 라인 플라워

2) 매스 플라워

매스 플라워란, 카네이션이나 국화 등과 같이 많은 꽃잎이 하나의 송이를 이루어 꽃이 줄기 끝에 달려 있는 것을 말한다. 특징으로는 꽃잎이 몇 장 떨어져도 전체적인 형태가 변하지 않는다. 그리고 이는 꽃송이가 크고 둥근 형태를 가지므로, 작품 구성시 디자인의 양감(量感) 표현에 효과적이다. 플라워 디자인에 있어서 양감의 표현은 선과 함께 매우 중요하다. 대표적인 꽃으로는 카네이션, 마리골드, 장미, 수국, 국화, 데이지, 백일홍, 아네모네, 거베라, 마가레트, 다알리아, 해바라기, 작약 등이 있다.

장미

데이지

다알리아

그림 2 매스 플라워

3) 폼 플라워

폼 플라워란, 꽃이 만개시에 별 모양, 심장 모양, 삼각형 등의 특이한 모양으로

개화하는 것을 말한다. 이러한 꽃들은 대체적으로 모양이 크고 개성적인 형태를 지고 있으므로 작품의 악센트로 활용된다. 대표적인 꽃으로는 난, 호접난, 카트레아, 아이리스, 카라, 백합, 극락조, 나리, 수선, 안수리움, 심비디움, 해바라기, 튤립 등이 있다.

나리

해바라기

튤립

그림 3 폼 플라워

4) 필러 플라워

필러 플라워란 안개꽃이나 스타티스 같이 많은 줄기에서 자잘한 꽃들이 밀집되어 붙어 있는 것을 말한다. 이는 주로 라인 플라워와 매스 플라워의 빈공간을 채우는데 쓰이거나, 꽃과 꽃을 연결 또는 율동이나 색감을 부드럽게 해주는 역할을 한다. 그러므로 필러 플라워는 플라워 디자인시 단점을 보완해 주며, 전체적으로 입체감을 주는데 효과가 있다. 대표적인 꽃으로는 안개꽃, 미모사, 작은 국화, 숙근안개초, 스타티스, 카스피아, 스프레이, 마거리트, 춘국, 마타리, 에리카, 패랭이꽃, 프리지어, 갯버들, 억새 등이 있다.

미모사

마타리

억새

그림 4 필러 플라워

여기에서 유의해야 할 점은 '반드시 장미는 매스 플라워이고, 스톡은 라인 플라워' 라는 단정적인 생각은 하지 말아야 한다는 것이다. 예를 들면 같은 종류의 장미일지라도 봉오리가 작으면 라인 플라워가 되고, 중간 봉오리는 매스 플라워, 꽃이 활짝 피었으면 폼 플라워가 될 수 있으며, 또한 잎이나 작은 나뭇가지를 라인 플라워로서 취급되기 때문이다. 그러므로 반드시 4종류의 꽃이 없으면 플라워 디자인을 할 수 없다는 생각은 버려야 한다.

3. 플라워 디자인의 기본 형태

테이블 스타일링에 있어서 중앙에 위치하고 있는 플라워 디자인은 어느 방향에서 보아도 균형적이어야 한다.

플라워 디자인의 기본 형태로는 반구형, 둥근형, 구형, 원뿔형, 사각뿔형, 수평형, 다이아몬드형, 토피어리형 등이 있다.

1) 반구형

반구형은 둥근 원을 반으로 나눈 형이다. 이는 모든 방향에서 볼 수 있도록 디자인되었으며, 디자인은 조밀하고 가볍고 경쾌하다. 꽃의 장식으로는 디자인의 중앙에서부터 방사상으로 돔형을 이루어야 하므로 라인 플라워는 사용하지 않으며, 주로 카네이션, 장미, 튤립, 국화, 스타티스, 안개와 같은 매스 플라워나 필러 플라워를 사용한다. 화기는 일반적으로 낮고 둥근 화기를 사용한다.

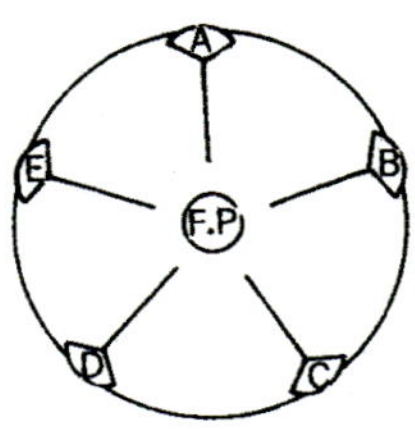

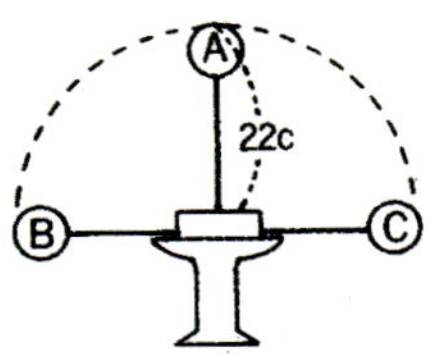

2) 둥근형

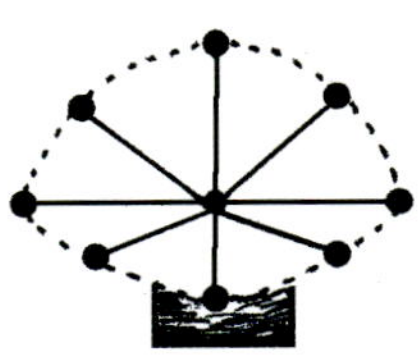

둥근형은 모든 줄기들이 한 점에서 사방으로 뻗어 나가는 형으로서, 한 점은 화기의 맨 위 중앙에 위치하게 된다. 이는 한 점을 중심으로 양쪽에 동일한 시각적 비중을 두며, 앞과 뒤의 구분이 없다. 그러므로 둥근형은 장소에 구애받지 않고 놓아 둘 수 있는 장점이 있다.

3) 구형

구형은 공처럼 둥근형을 말한다. 이러한 디자인은 시각적으로 초점을 이루는 곳에 가장 아름다운 꽃으로 장식하고 잎과 함께 둥근형이 되도록 마무리하면 된다.

4) 원뿔형

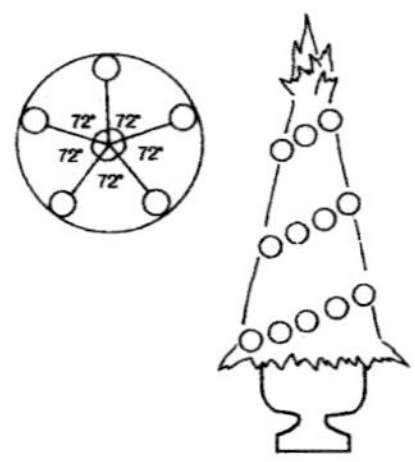

원뿔형 디자인은 잎줄기를 원뿔형의 나무처럼 배열한 것으로서, 둥근형이지만 피라미드와 형태가 비슷한 입체적인 수직 이등변삼각형이라고 할 수 있다. 이 유형은 주로 교회 장식이나 넓은 실내용 장식에 사용되고 있다. 그러나 테이블 플라워디자인으로 사용할 경우에는 낮고 둥근 용기가 필요하다.

5) 수평형

수평형은 테이블의 표면과 수평을 이루도록 연출한 형태이다. 이는 수평으로 인한 편안하고, 안정된 느낌을 준다. 소재로는 줄기가 부드러운 곡선을 나타내는 스위트피나 온시디움 등과 같은 라인 플라워를 선택하는 것이 좋다. 어느 방향에서 보아도 좋기 때문에 크기에 따라 리빙룸, 식탁 테이블, 사이드 테이블, 장식장 등에 적당하다.

6) 다이아몬드형

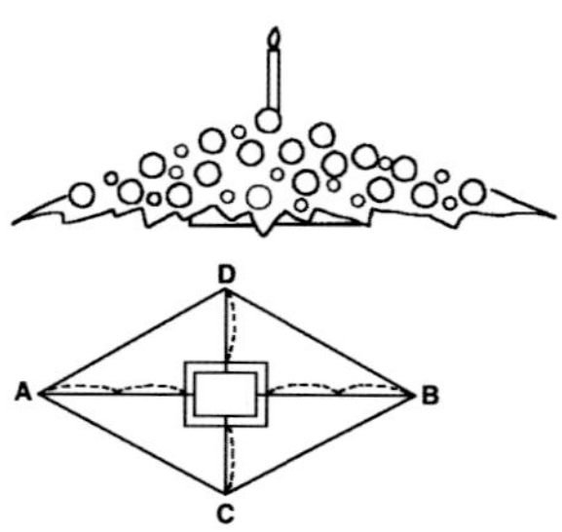

다이아몬드형은 테이블 플라워 디자인에서 가장 많이 사용되는 형이다. 이는 마름모꼴 형태로 만드는 직선적인 구성의 플라워 디자인이다. 소재는 라인 플라워, 매스 플라워, 필러 플라워를 기본으로 한다.

4. 플라워디자인에서 고려할 사항

① 재료 선택시, 향이 강한 꽃이나 너무 화려한 꽃, 잎이 잘 떨어지는 꽃, 의미가 좋지 않은 꽃 등은 피하는 것이 좋다. 이는 꽃의 향기가 너무 강하면 음식의 냄새가 가려지며 꽃이 너무 화려해도 음식이 초라해 보일 수 있기 때문이다.

② 조화나 드라이 플라워는 테이블 플라워 디자인에 사용하지 않는 것이 좋다.

③ 꽃의 색상으로는 테이블 주제의 색이거나 테이블클로스나 냅킨, 식기의 색상과 조화되는 것으로 선택하는 것이 효과적이다.

④ 플라워 디자인으로는 테이블에 앉아 있는 사람들이 어느 각도에서나 아름답게 볼 수 있도록 균형있게 해준다. 플라워의 높이는 마주 앉은 사람의 얼굴을 가리거나 식사에 방해가 되지 않을 정도로 한다.

⑤ 플라워디자인의 규모는 테이블의 크기, 앉을 사람의 수, 식사의 종류에 따라 영향을 받게 된다. 그러므로 플라워디자인은 식기에 닿거나 식사를 방해하지 않는 규모여야 하므로, 일반적으로는 테이블 면적의 9분의 1이 넘지 않는 크기로서 높이는 45cm 이내로 한다.

이 미 혜

- 대구가톨릭대학교 생활과학대학 졸업
- 대구가톨릭대학교 대학원 주거학전공 석사
- 대구가톨릭대학교 대학원 주거학전공 박사
- 큐빅디자인연구소(대구) 실장
- 대구가톨릭대학교 강사, 영남대학교 강사, 안동대학교 강사
- 현, STUDIO LEE 대표
- 저서「실내디자인」등

김 태 연

- 대구가톨릭대학교 대학원 미술학 석사
- 대구가톨릭대학교 대학원 주거학전공 이학박사
- 김태연궁중상화재현전 및 미술저작권 등록
- MBC '대장금' 궁중상화 자문
- 현, 대구대학교 조형예술대학 실내환경디자인학과 교수
  대구대학교 디자인대학권 플라워디자인 주임교수
  대구대학교 평생교육원 테이블세팅디자인과정 교수
  한국전통 꽃일 연구소 소장
  김태연궁중상화(宮中床花)연구소 & 전시관
  始現 전통지화 연구소 소장
- 저서 : '한국전통지화에 관한 연구'(1)~계속
  '소비자와 주거', '인간, 공간, 주거', '주택점검', '한국화예대사전' 등

공간 디자인과 테이블 스타일링

2007년 8월 16일 1판 1쇄 인쇄
2007년 8월 20일 1판 1쇄 발행

저 자	이 미 혜 김 태 연
발 행 인	강 해 작
발 행 처	기 문 당
주 소	서울시 성동구 공명길 39 (하왕십리동 966-22)
전 화	02) 2295-6171(代)~5
팩 스	02) 2296-8188
출판등록	1976. 10. 7(1-44)
홈페이지	http://기문당 www.kimoondang.com
I S B N	978-89-7086-003-9 93540

정 가 20,000원